慢煮光阴一盏茶

中国茶人录

萧萧 ——— 著

华中科技大学出版社
http://www.hustp.com
中国·武汉

图书在版编目（CIP）数据

慢煮光阴一盏茶：中国茶人录 / 萧萧著. —武汉：华中科技大学出版社，
2021.12

ISBN 978-7-5680-7616-6

Ⅰ. ①慢… Ⅱ. ①萧… Ⅲ. ①茶文化-中国-文集 Ⅳ. ①TS971.21－53

中国版本图书馆 CIP 数据核字（2021）第 208508 号

慢煮光阴一盏茶：中国茶人录
Manzhu Guangyin Yi Zhan Cha：Zhongguo Charenlu

萧萧 著

策划编辑：沈　柳
责任编辑：沈　柳

茶事顾问： 人文茶道传习馆®

摄　　影：盛夏雨　敬　贤　马海燕　沈国艳　慧　恩
封面设计：琥珀视觉
责任校对：阮　敏
责任监印：朱　玢
出版发行：华中科技大学出版社（中国·武汉）　电话：（027）81321913
　　　　　武汉市东湖新技术开发区华工科技园　邮编：430223
录　　排：武汉蓝色匠心图文设计有限公司
印　　刷：湖北新华印务有限公司
开　　本：880mm×1230mm　1/32
印　　张：9.25
字　　数：168 千字
版　　次：2021 年 12 月第 1 版第 1 次印刷
定　　价：58.00 元

本书若有印装质量问题，请向出版社营销中心调换
全国免费服务热线：400-6679-118　竭诚为您服务
版权所有　侵权必究

序

寂尔后生

在立秋的前一天，我刚好用金华的贡莲和九华佛茶做了荷花茶，白荷的香细密沉静，隐然有凉意。用琉璃碗泡开，茶汤鲜醇如故，香气不张扬，只隐含在茶汤中。

在茶里沉浸多年，越来越喜欢不甚张扬的茶，滋味中正就好。古人吃过的茶，有的时候在节令到了时，就尝试一下，令日子里多了几分趣味。饱满的莲蓬枯萎以后，拿来在沸水里煮软，在重物下面压一个晚上，即可做成茶席上的物件。

生为一株植物，最吸引人目光的是花朵，但花朵的呈现是为了最后的果实，它是为了能够繁衍，让整个生命和物种传续下去，一个具有美好外相的因，然后圆成一个果。莲蓬是荷花开放以后结成的果实的外壳，美味的莲子或者成为种子，或者为人类食用。有的莲子结得不够饱满，无法食用，莲蓬也就失去了意义，我们把干枯的莲蓬看作是一个"无用"的象征。

因为事茶，就会去多关注万物的细微处。我会把这无用的干莲蓬以上述的方法做成一只"枯莲座"。这只枯莲座可以在茶席上用来垫壶、垫炉子，它有着自然的肌理，一面是空洞又有容的莲房，一面是呈放射纹的背面。当你仔细去观察这些纹理时，会发现它的线条与图案非常精妙，这绝不是人工可以模仿得出来的。用得久了的枯莲座，表皮会有些温润。从最清净的花，中通内直的茎，茎内可制成灯芯、纺织线的细丝，如伞般遮蔽烈日也可入药、入菜的叶，可食用的藕根，可食用的籽，再到看似无用的莲蓬，这植物的一世真的是舍己的典范，而莲花在佛教中的意义自然不用我多说。

所以，在茶席一角并不起眼的浅褐色枯莲座仿佛寓意着习茶中的各个阶段，承托清贵与朴素，或玲珑或笨拙的外相、或曲或直的根性、微苦的心，世间本是苦多，而我们是从泥潭里将自己一点点拔起来，寂尔后生。

这些年一起走过的山川与河流，照见的明月与冰雪，是盛开时的花瓣、是一粒粒小小的籽、是输送养分的茎，初心是千年前的一粒莲子。

任何事情都有正与反，黑与白、阴与阳，有黑即有白、有阴就有阳，有白天就会有黑夜，但今日之黑夜降临以后，明天才会有那么亮堂的一个清晨。周而复始，从华而寂，寂尔后生的过程是天地的法度。

在最深的生活中，不仅是活着，便是禅吧。

迎新
辛卯立秋于一水间

目录

世有泥泞，
吾持莲而行

王迎新

知名茶文化学者

中国人文茶道创始人

人文茶席创始人

国家人社部茶艺实训师教材编委

西南林业大学茶文化中心特聘研究员

云南科技出版社《云南普洱茶》副主编

云南昆明民族茶文化促进会副会长

《普洱》杂志社特聘文化专家

景德镇江南茶文化研究会名誉会长

中华煎茶道协会导师

华茶青年会导师

一水间王迎新人文茶道传习馆馆主

　　莲有高古意，如梅之老枝虬曲，松之苍润古莽，亦如《小窗幽记》所言："余尝净一室，置一几，陈几种快意书，放一本旧法帖；古鼎焚香，素麈挥尘，意思小倦，暂休竹榻。饷时而起，则啜苦茗，信手写《汉书》几行，随意观古画数幅。心目间，觉洒洒灵空，面上俗尘，当亦扑去三寸"，此中深意，只可意会不可言传。

　　陈洪绶，以老莲为号，以莲而自况，是中国画坛上的隐逸高士。高士者，志趣、品行高尚之人也。他的画，笔笔皆是高古意：画人物，躯干伟岸，衣纹清圆细劲，兼有公麟、子昂之妙，其笔墨酣畅淋漓而又疏旷散逸；画莲，"轻轻姿质淡娟娟，点缀圆池亦可怜"。他的莲不在池塘泥沼，不在小桥流水人家，而是生生地植在人的心间。比如明末清初，传统的祝寿作品多以南山、松柏、寿桃、萱草、仙、佛等入画，而陈洪绶却偏偏画高士持莲。他画中的高士宽衣广袖，专注而行，素素的宝古之瓶中立了三五枝莲，清美又孤寂，色调清雅，笔法逸致，有率真之趣。走近了细品，鼻息处又尽是一个人出淤泥而不染的高古气息，这是一花不与凡花同的志向，盛放或萎谢，都清醒而自知。纵使天命凄凄，她仍以虔诚的姿态，描绘光阴的美意。

看陈老莲笔下古意幽幽的莲，总会想起吾友王迎新，想起她的人文茶席——空灵、素美、苍古，从烟云供养的太行山到"大漠孤烟直"的阳关，从且听清凉茶语的甘露寺到古老神秘的勐库大雪山。一路的山水行走中有一瓯茶观己润心，有桐阴清话之人共话清欢。恍惚中，迎新是老莲笔下的素心莲，老莲笔下的素心莲亦是迎新。世有泥泞，她明心见性，持莲而行，秉持敬、和、清、寂之气，将高古茶事变成了中国人的美好日常。此日常，有茶暖心，有器养眼，有蒲怡情，可亲可近，盛放在彩云之南的一水间王迎新人文茶道传习馆，也时时滋养我们的身心。

看取莲花净，应知不染心

吃茶，对于迎新来说，是日常，是生活，也是宿命。

迎新出生于云南普洱茶文化世家，幼承家学，师从父亲王树文先生。儿时家里弥漫的茶香和父亲深沉的爱茶之情，在不知不觉中熏陶了她。在她的记忆中，父亲待茶是有着赤子之心的，当年为了考察云南民族茶文化，他驱车五千公里跑遍了云南茶区大大小小的山头。后来，为了让迎新懂得茶并爱上茶，在无数个周末的晚上，父亲会把四五种茶在茶桌上一字摆开，讲解之后再让她一一试饮。在那个物质极度匮乏的年代，饮茶对于迎新来说，仿佛是一场场奢侈而神圣的仪式，她被吸引，同时也心存敬畏。

迎新说，刚开始喝普洱时，没觉得有什么奇妙之处；可是天天喝，味觉对这种醇厚饱满的滋味便慢慢有了依赖。茶汤是时间流动的艺术，茶汤的心情壶知道，壶的心情盏知道，它是急不得的事情，唯有稳住心神，安然其中。很多时候，深呼吸慢喝茶，端起和放下，都是生活。

吃茶，于普通人而言，是舌尖上感知的那一口茶水；对迎新来说，则是从物质到思想的体悟过程。这个过程，可独与天地精神相往来，领会山川万物之美，生发愉悦之心。此心关照天地之间每一个微小生命的存在，恰如她在《敦煌一梦》中的描述："戈壁上也有野花，散落在低矮的灌木丛里。俯身看见，暗自惊喜。微小的花朵，如梅花生五瓣，中间还有极细的花蕊，一朵花该有的生命状态，它不差分毫。"此心"看取莲花净，应知不染心"，如高僧安于禅房的寂静，将房子建在空寂的树林之中。门外是一座秀丽挺拔的山峰，台阶前有众多深深的沟壑。雨过天晴，夕阳斜照，树木的翠影映在禅院之中。高僧诵读《莲花经》，心里纯净清静，知道自己有颗一尘不染的虔诚之心。那是高僧不落尘俗的心，也是迎新的向茶之心。"一杯茶，佛门看到的是禅，道家看到的是气，儒家看到的是礼，商家看到的是利。其实，茶就是一杯水，你看到的只是你的想象，你想的是什么，茶就是什么。所谓心即茶，茶即心矣。"

茶之为物，能引导我们进入一个默想的人生世界。心原本是一壶茶，包容百味，因吐纳而常新。

茶之为道，是探索和实践的意义所在。在不断的行走中，以茶的名义完成一场生命的寂美盛放。

庭前柏树子，祖师西来意

中国人的茶道到底应该是什么样的？几乎每个初学习茶的人都会问。

"中国茶道之美，在天地间，在不同的山川风物与人文情意里，在五千年的文脉中。心若安，人在哪里，茶道便在哪里。中国人的茶空间不是固定的。"这是迎新的答案。她一直认为，怀抱茶的人文精神，从中探寻生活的善与美，才是茶事的意义所在。所以，天地山水、瓦屋斗室都是吃茶之地，清风竹影、流水梅影都可成就一席茶的美韵。

那么，人文茶道的既成定式是什么？有要领吗？追随迎新的习茶之人总想一步探其究竟。迎新笑而不语，让人想起了赵州从谂禅师的那则著名公案"庭前柏树子"：万里晴空，风和日丽，古柏森森，枝摇条曳。赵州观音院大殿内，僧众列集，表情肃穆，都在聚精会神地听赵州从谂禅师讲禅。从谂禅师讲得正兴起，有学僧起立，当庭发问："请问师父，什么是祖师西来意呢？"从谂禅师抬起头，仰望着风中摇曳的古柏，意味深长地回答道："庭前柏树子。"学僧又问道："师父，您不要用境界启示，还是请您明确告诉我，什么是祖师西来意吧。"从谂禅师道："好吧，不用境界启示，我会明确告诉你。"学僧追问："什么是祖师西来意？"从谂禅师正色，朗声答言："庭前柏树子！"至道无难，唯嫌拣择。才有语言，便是拣择。从谂禅师的这些话，就是让愚顽的学僧去掉蔽遮在心中的云翳，把握眼前，契合禅境，从根本上截断一切妄念。迎新行茶以茶为中心，其人文精神在天地之间，有清明之思想，不能妄语，亦如庭前柏树子不可语也。

这些年来，迎新带着茶人同修走遍了大江南北的山山水水，在走走停停间践行着中国茶的人文情怀。她曾在桐木关的青楼里，让姜涧中的茶香替代茶会中的用香；也在海南岛的海边观澜，就地取材，采撷春天的玫瑰做茶食；还在太湖边的东山上炒一锅碧螺春，然后用山泉试瀹一盏新茶；亦在终南山的飞雪中，对比泉水、雪水和古井水的不同，品茶味的不同……在大多数人将吃茶看成繁复高尚之事时，迎新安然于心，把茶吃得缓慢专注，又颇有情怀。在她的眼里，天地万物都可以成为茶席的一部分，她要用这一切打造一个茶人的梦想。

三百年前，张岱在《西湖七月半》里提及吃茶时这样说："小船轻幌，净几暖炉，茶铛旋煮，素瓷静递，好友佳人，邀月同坐，或匿影树下，或逃嚣里湖，看月而人不见其看月之态，亦不作意看月者，看之。"其间的吃茶风雅，惹时人心向往之。迎新说茶是我们在世间寻觅到的良物，本性天真。有时候，由身入心，你会看到，茶与器互为关照，人与境互为增色，它们让人感知到生命的悦动与美好。

在如今这个快速又令人无所适从的年代，我们是如此渴望"从前慢"的时光。茶，是你随时随地都可带在身上的润燥剂，简而有味。清风抚四季，迎新眼里的风景各不同：春天，一切都是欣欣然的，茶山之上尤其是。她在云南凤庆为香竹箐古茶树三千二百年的时间香气所沉醉，亦为飘过古茶树树冠上的一朵白云而驻足。它们都是春天的独特气息，只需要轻轻拥入怀中。夏天，茶如人有些倦怠，但有无尽的绿。她喝一口茶，看一眼院子里绿意浓浓的芭蕉，突然就想起了宋人李清照的词《添字采桑子·窗前谁种芭蕉树》——"窗前谁种芭蕉树？阴满中庭；阴满中庭，叶叶心心、舒卷有余情。"此情此景，顿时令她满心愉悦，后来索性把蕉叶画到了自己钟爱的茶器之上，每有尘世酷热，便来这一片蕉叶里乘风纳凉。这是茶与器的美妙转化。秋来，茶已醒来，一颗心亦温柔灵动了起来。她犹记得九华山甘露寺的那场茶会，逢雨，茶席设在廊檐之下，听得见雨滴如珠玑在石板溅开的声音，也听得到山泉在红泥炉上的银壶中微微作松涛之响。那一刻，她觉得身如琉璃松间露，心也如琉璃松间露。冬至，"岸容待腊将舒柳，山意冲寒欲放梅"。此时人的身心历经春夏秋的繁复，归于澄明，正宜携茶远行。她在莫高窟前虔诚地瀹茶，问讯西出阳关的故人；在石窟壁画前伫立，看到了中国最古老的山水如何凝固在千年前的春日；亦在寂静的三危山，看到了众神的微笑和召唤。它是中国茶的人文洞见之旅。

真正的茶人，从一片树叶到万物生长都凝注深情。深情如迎新，总是携茶箱盛放梦想行走天涯。她有一只叫"藏颐"的茶箱，使用经年，老藤之上有着岁月的润泽，里面放着泥炉、煮水壶、紫陶壶、匀杯、品杯、盏托、茶则、茶匙，甚至木炭等。不管走到哪里，将茶箱打开，便可拥有一方流动的茶席。此时，心是静的，透过一盏温热的茶汤关照内心——山川可茶，草木可茶。风日晴好，幽鸟相逐。你来或不来，我都要自知自饮。这才是习茶的意义，这才是生命存在的意义。

十年修酒客，一世做茶人

茶人，历来有两个解释：一是精于茶道之人，二是采茶之人或者制茶之人。

"茶人"一词的最早出处是在陆羽的《茶经》里，他说："籝，一曰篮，一曰笼，一曰筥。以竹织之，受五升，或一斗、二斗、三斗者，茶人负以采茶也。"这里所说的"茶人"，就是指采茶之人，而一般情况下，采茶之人就是种茶和制茶之人。现代，茶人有了更宽泛的解释，只要是爱茶惜茶、以茶为业的人，大抵都可以算作茶人了。

就像文人有标准一样，茶人也是有标准的。在迎新的眼中，茶人标准是在尘世中承古纳今，在茶之内习听自我清净之音，在茶之外体悟世界万物之和谐合奏，亦如树木于山野中的生发成长，需要在漫长的时日中成熟完满自我，同时要保有独立、谦逊、博闻、包容之品格。所以，茶人要涉猎很多知识。

"十年修酒客，一世做茶人。"经常有茶人问迎新，学茶能泡好一壶茶就可以了，为什么一定要去学书法、插花、香事、音乐呢？

其实道理很简单。美本就是茶事生活中的一部分，自古以来都是一脉相承的。茶本身既有市井之饮，又融合了历史、仪式、美学的文化内核。茶与书法、绘画以墨书志，喝茶以茶传香，品香闻香定心，闻月则如清水洗心，中国茶道游于艺、凝于神的儒雅之风的熏习不仅惠及自身，也会熏染我们的生活，美好而雅致的生活方式本应成为中国人生活的常态。

迎新总是说，事茶的人不一定要每时每刻都盯在茶上，你可以在博物馆远古的陶瓷器上寻找器物美的共性与线条，可以在北魏古石窟前拜观音菩萨造像的爱与美，在泰山的山岳上赞叹经石峪上镌刻了千年的大字《金刚经》，还可以在西双版纳村落里的菩提树下捡一片金黄的菩提叶，在制手工纸的人家为自己抄一张特别的菩提手工纸……这一切都是为了一方茶席、一场茶事。你懂，它就是为了你；你不懂，它就是为了懂它的人。

茶人的人文情怀和善意，因茶而出离，也因茶而安定美好。2020 年伊始，一场新型冠状肺炎的疫情席卷了神州九百六十万平方公里，一时间，彷徨、恐惧、不安占据了很多人的心头。"正气存内，邪不可干"，迎新相信，最好的心，自在清幽；最好的世间，不在别人那里，心在最好处，你就会在最好处。这年元宵节，她和她的人文茶道团队共同策划了连续七天的公益讲座和一场面向全国的"庚子养正"线上公益茶汤会。这场线上茶汤会从发起到举办只用了三五天，却安抚温暖了数千人的心灵。与之前茶会的不同之处在于，茶会地点是在茶人自己的家，雪月苍时，烛光微暖，茶人们用身边的茶和茶器，通过在线视频共沦一盏茶的方式，共同为武汉、为遭遇疾患的人们祈福。真善美借由一盏茶，穿越时空的传递，宛若古刹清越的钟声，在茶人的心头久久萦绕。它是茶之内的安定坐忘，茶之外的生命智慧。原本两个小时的茶汤会延长至四个小时，茶人们依然逗留线上，不忍离去，如迎新所言，"平安之时，茶于我们而言是愉悦的，是打开我们思想的载体；困顿之境里，茶也必将与我们一同审视生命，共鉴光明。此刻，人文的微光闪烁，照亮小我与天地"。

莲花之美，可以和雪的洁白媲美，可以与月光的灵魂唱和。多年的事茶经历，使得落花无言、人澹如莲的气质已然沁入了迎新的灵魂。茶席之上，松风为引，她一袭长袍，止语事茶，如佛前的一枝青莲，无须雕琢，便清绝静好。这是内心获取了宁静与平和的人会有的姿态，也是茶人最美的姿态。

复归于心也，复归于婴儿

茶路悠长，茶人以茶观心观己。

事茶，是一种情怀，一种超然于物外的修行，而绝非一种喝茶的形式。

读万卷书，行万里路。在中国大美的山水之中格茶致知，知行合一，是迎新一直在做的事。

在一水间王迎新人文茶道传习馆习茶，迎新不似寻常的老师，她更像一个引领你行履山水画卷的画者，泼墨丹青间，传递出的是心中的诗意与热爱。她教你的不仅是茶，更是浮世万千、安住当下。她在你的心里悄悄播下一颗向美向善的种子，那么不经意的。等你转身，总有些什么在忽然之间改变了你的生活。润物细无声，但充满力量，这是习茶人的珍贵养分，并将持续缓慢地滋养你的一生。

山水画因水墨氤氲而美。走近迎新，你会发现，此处的氤氲是因为身心被注入了一股清新寂美的草木之气，专注中有初心，细啜中有初心。迟疑间，你还会发现，因茶而起的这种生活美学可以这样从容无惊、滋养灵魂、安顿身心。恍若青原惟信禅师说的"看山是山，看水是水"，恍若老子说的"复归于婴儿"。

遇见茶，遇见日月山川的中国诗意

颐慧

军旅二十三载

习茶九个春秋

曾任北京得大茶舍与

豳风堂茶舍主理人

人文茶道研修者与践行者

就像总有一棵树等待春风归一样，那些跟你有缘的人和物，在你的生命中早早晚晚会遇见。相遇是一种美丽的缘分，而且一定是特别的缘分，才让这个缘分深重之人穿过茫茫人海来到了我们的身边。这样的一见如故，足以为人生难得的小幸运。就如同杜牧这首《会友》中所写："与君初相识，犹如故人归。天涯明月新，朝暮最相思。"没有早一步，也没有晚一步，颐慧遇见了茶，遇见了人文茶道和迎新老师，从而遇见了一条观己观心的茶修之路——这条路连接了世间太多的美好，在至专至简的行茶手法中，她把生活泡进茶水里，让内心清澈，也把茶水冲出了日月山川的中国诗意。

茶与生活的美好关系

《茶谱》云："茶之为物，可以助诗兴而云山顿色，可以伏睡魔而天地忘形，可以倍清谈而万象惊寒……"无论一人得神、二人得趣，还是三人得味，多是借由饮茶，能自绝尘境，栖神物外。

一杯茶，因茶与水而邂逅，也因人与茶的缘分而延续。颐慧与茶的缘分始于 2012 年年初，她在德慧女子大学堂里，邂逅来自台湾的陈继寿老师夫妇。陈老师夫妇习茶多年，他们认为，茶与生活密不可分，泡茶即是生活。泡茶动作只是"拿起"和"放下"，生活也是要学会"拿得起，放得下"。泡茶之过程是清心、是境界，也是修行、是觉知。泡得一杯生活茶，此中滋味，天地圆融之道矣。那日，陈老师冲泡的是常见的玫瑰花茶，但泡得一杯生活茶的理念深深地打动了颐慧，让她久久沉浸在茶汤的绵长气息里，并开始认真思索茶与生活的美好关系。

生活就是这样，你一旦开始思考，有些不约而至的美好就已经在路上了——"虫吃茶？非也，虫吃竹子。虫和我一起看中的不是一般的竹子，那可是香竹，十五年前的香竹。谁说过：山间竹笋'嘴尖皮厚腹中空'？这香竹节里饱装着的可是一只只褐亮的小圆茶饼。细看小茶饼上条索分明，金毫隐伏……"迎新老师的《吃茶一水间》，那些因茶而起的文字和图片，源自山野白云，也源自生活情趣，却一点一滴地为颐慧走进茶的世界打开了一扇窗。在这扇窗里，她知道了 24 款茶席的摆设、二十四节气饮茶的建议，以及 68 辑详细的泡茶记录和 72 款茶的因缘遇合。

茶书颐慧读过不少，但感觉只有性情如迎新老师，才能把一杯茶说得如此有趣又细腻，带着影影绰绰的喜悦与自在，亦可窥生活的底色。

颐慧认为，习茶是一个不断接受的过程，接受新的东西才能丰富自己，每一步都是在积累与成长。心之使然，她于 2013 年中秋节前，抵昆明拜访了迎新老师。如果说前世五百次回眸才换来今生的擦肩而过，那么今生在茶席间相遇，一定是因为在佛前的千年等待。颐慧说，她和迎新老师的缘分就是经过了在佛前的千年等待，遇见了，就再也不想离开。

追随的原因，颐慧说是被迎新老师广博的知识所吸引，而走近她，其饱满的生命状态又强烈地影响着她。在她的眼里，迎新老师是善与美的女子，她的美好总是自然呈现：一起行走在游学的路上，迎新老师总是落在最后。究其原因，她是不忍错过所遇见的一棵小草、一朵小花……

茶与人类皆是自然的产物

得益于迎新老师的言传身教，自庚子年立春始至庚子年大寒，颐慧与济南的两位茶友共同策划组织了二十四节气茶会。每个节气茶会里的三款茶品都是依据传统中医理论的五运六气来选择的，遵循因时之序的自然规律，推行因人而异的品饮方式：雨水节气，乍暖还寒，人体尚需生发之气。一款"积善"的普洱熟茶，带着纯净自然、平和中正的气息。沸水瀹之，茶汤软糯顺滑，品之有枣香，也有干芝麻叶味，暖暖地团着在腹中缓缓释放开来。须臾片刻，周身微热。立夏之时，宜养心。明代万全《养生四要》载："心常清静则神安，神安则精神皆安。"茶会上精选了岩茶"百瑞香"，"百瑞香"之香可使人开窍，又能温里消食，化瘀行血。起炉沸水，取紫砂降坡泥料"仁和壶"，冲瀹之，岩茶的香气充盈馥郁，变幻不定，很难只用一种气味或气息定论。细细品来，汤水含香与器物留香此起彼伏。熟果香、花香和乳香纷沓而至，素雅静美，宛若伊人，在水之湄。此时，茶香令人神清舒泰，身心安定，亦是妙不可言。

庚子年是特殊亦不平凡的一年，颐慧说有些节气茶会是她与家人在隔离期间做的。因要照顾二宝，与师友们分享茶会的机会并不多，但是她依然坚持了下来，最大的动力源自于其热爱的本心。"二十四节气是上古农耕文明的产物，与大自然的节律息息相关。茶与人类皆是自然的产物，当人类走在回归的路上，对天地宇宙的敬畏之心会油然而生。经历二十四节气茶会的一个轮回，我收获了内心的丰盈与成长。"爱茶的她如是说。

道在守一，道在人文情怀

习茶路上，很多人会觉得喝茶是非常简单的事情，好像一个杯子、一壶水、一把茶叶就可以任意而饮。为什么要用茶会这样的形式，用行走这种方式来和茶发生关联？颐慧在加入人文茶道之前也有这样的疑问。后来，她在迎新老师的身上找到了答案：其实，茶会的目的是让更多和自己一样喜欢茶，甚至是还没有开始进入茶的世界、还没有开始喜欢上茶的人，能够通过这样一种美的方式进入其间。而这种美的方式，很多时候表现出来的恰是大美的人文情怀。

2016 年 7 月 3 日，阴历五月二十九。是日黄昏，古刹肃穆。蝉鸣不绝，飞鸟低旋。雷声隆隆渐近，风欲止，雨未落，在北京植物园卧佛寺内的得大茶舍里，迎新老师携学生与嘉宾、友人同赴的"双林邃境"茶会雅集如期举行。其"高古"的人文雅趣在深深打动颐慧的同时，也在雅集中得以完美呈现。

迎新老师在茶会上分享的第一道茶品为"莲华净茗"，探究其名，迎新老师含笑曰：《华严经》载，莲华有四德——一香、二净、三柔软、四可爱，比如四德，谓常、乐、我、净。"时光静止处，风吟竹影，有幸于卧佛古寺习茶、奉茶，众人心有戚戚焉。

颐慧说，如果说"莲华净茗"是茶会的序曲的话，那接下来的荷花窨茶则将茶会的"高古"人文情怀推向了高潮。迎新老师读沈复的《浮生六记》，尤为喜欢芸娘的聪慧，"夏月荷花初开时，晚含而晓放，芸用小纱囊撮茶叶少许，置花心，明早取出，烹天泉水泡之，香韵尤绝。"仿而制之的荷花窨茶用宣纸轻裹小撮茶叶，置花心。以麻皮略絷，令其经宿，汲风饮露。翌日，取出噙香之茶即刻瀹之。清甜入喉，香韵尤绝。茶会上，荷花茶以清香冷冽之气，令众茶友心生喜乐。

这种清人的闲情雅趣还体现在"三清茶"上，三清茶是清乾隆帝最为喜爱的饮品，是以梅花、松实、佛手为料，用雪水泡制而成的。"三清"是指三种泡茶的药材，乾隆在其诗《三清茶》后注曰："以雪水沃梅花、松实、佛手啜之，名曰三清。"颐慧说，迎新老师爱此茶，不仅因为三清茶色、香、味清绝宜人，更因为事茶之境，恍如"西园雅集"。

颐慧犹记得在 2016 年 12 月的"兰若游冬"茶会上，在古寺的唐梅前，迎新老师携十二位席主设六席，执人文茶道礼入席，以腊梅、水仙、佛手为花供，煮玉泉山泉水行三清茶的情景。其间，各位席主皆才情丰饶，瀹茶、抚琴、弄墨、素手亲作茶点。文化同源，山水同境，应了那句话"岁月清欢，尽在此间"。所以，颐慧一直觉得人文茶道的"道"，道在守一，道在人文情怀。她说，中国古人很少有史料记载茶道，多是记录了历代饮茶的方式及相关的茶人茶事。其实，"道"在中国人心里与日常生活中早就融为一体了，或者说从未分离。

茶会的灵魂在于安心品茶

迎新老师曾说一场茶会的核心或者说灵魂是茶汤的滋味，颐慧自己的理解是每位席主在当下的心境的呈现。怎样的心境是完美的呢？其实宇宙万物间没有完美的存在，只有和谐的共生。当我们的心与茶会的人、事、境和谐共处，即为美好。

人文茶，要求习茶者具有人文情怀与践行体悟，才可称谓。近些年，常听到"传播茶文化"一词，只有自身的文化底蕴达到一定程度，才能够影响他人，尽传播之力。这也是迎新老师总说茶人的功夫在茶之外的原因。

颐慧认为茶不仅具有物质属性，还具有精神属性，如同人的身、心、灵三个境界。茶的仪式感，其内容应是有传承、有出处，且要符合当代生活习惯的。日本人把中国唐宋时代的品茶仪轨及方式传承完整，同时也融入了本民族的文化，使之成为日本的茶道精神，象征性的文化。当今，茶的仪式感非常丰富，颐慧说："所有的仪轨与形式都应回归到一场茶会的灵魂深处——安心品茶。如果参与者皆有认同，那么仪轨与形式只是接引，茶汤的力量来自于与大自然的同频共振。"

不为幡动，只为心动

都说茶品的是人生百态，喝茶不过两种姿势，拿起和放下。如果说茶如人生的话，颐慧觉得自己的人生美得没有遗憾。

美学，是西方哲学里的概念，是一种对事物认知的态度。热爱美、欣赏美和创造美的人有什么不同吗？他们只是在不同的维度看到美，用不同的语境来传递这种感受而已。

颐慧说她第一次去参加迎新老师的课时，老师指导大家写茶签、插花、做茶包和茶点，当时她有些应接不暇。后来参加的茶会多了，她发现这些都是茶人必备的美学修养，做这些美好之事要带着享受之心，迎新老师有句常挂在嘴边的口头禅是

"好玩"。细细体味，其实"好玩"就是以平常心待之。

不为幡动，只为心动。以平常心待茶，这几年，颐慧喝茶也越来越从容。本着因时之序、因人而异的原则，选择适合的茶品。饮不过量，多饮淡茶。浓淡相宜，总能品出不一样的生活味道。

可以说，茶生活就是颐慧的日常生活。这样的日常生活在改变她的同时，两个女儿也受益匪浅。大女儿虽然在国外读大学，但对中国传统文化一直有一腔热情，闲暇时，她最喜欢陪妈妈一起品茶，品茶中独特的中国味道；小女儿虽年幼，但对茶格外亲近，只要妈妈习茶，就会参与其中，从布席到奉茶皆有模有样。每逢喝到自己喜欢的岩茶，小女儿总会情不自禁地叹一句"真香啊！宝宝喜欢"。

颐慧说，爱上茶，爱上人文茶道，爱上渐渐丰富的自己，不需要理由，这是一件自然而然的事情。立身以德，养生以艺；情托毫素，心观山水；花笺茗碗，云影波光；晴窗消日，耽书遣忧。在茶、书、戏、中医和育儿的日子里，细致体会，道在平常心，这是颐慧所喜欢的茶生活。如果说哪款茶最能代表她的生活状态，那么一定是老茶。老茶，不热烈，不高亢，却有着静水流深的大深情——温壶投茶，沸水高冲，慢慢唤醒之，茶汤温润，平实中却有着来自灵魂深处的香气，也还原出

生命中最本真的味道。很多时候，这不是一杯老茶，这是一种
"人能常清静，天地悉皆归"的生命状态，不疾不徐，自然
美好。

约有常期，
宁虚芳日

昭雯

湖北省舞蹈家协会会员

荆门舞蹈家协会理事

国家秧歌裁判

国家高级茶艺师

国家二级评茶员

人文茶道研修者与践行者

　　明人张岱在《陶庵梦忆》中云："人无癖不可与交，以其无深情也。"其字面意思不难理解：一个没有癖好的人是不可交往的，因为这样的人没有深情。

　　癖者，大抵爱一物而不能自已，其真性情如宋人林逋的"梅妻鹤子"。林逋少时孤寒，力学不仕，在杭州西湖孤山隐居。他始终未娶妻，无子，在住所周围遍植梅树，并畜养两鹤，有客人来访，就开笼放鹤，林逋见鹤飞便驾舟回来。此癖可谓清高闲逸也。

　　嵇康爱琴，长日与琴为伴，觉得万物有其盛衰，唯有太古之音始终不变。他曾把所有的祖业都卖掉，只为买一张名琴，还特别向尚书令讨来一块好玉制成了琴徽，再变卖了自己的玉廉，买来丝绒，做成琴衣。有一次，他抱着琴去找朋友山涛，酒至半酣，山涛说要剖了这琴让嵇康重回官场，他当即落下泪来，说道：我的琴比晋国的武库还值钱。你要是剖了它，那这世间也没什么好留恋的了，我也只好跟着不活了。嵇康爱琴胜过他的生命，此癖乃真性情也。

癖好之于人，是深情；人不深情，那生活便了无生趣；反之，生活则会情趣盎然。梁启超先生说："凡人必常常生活于趣味之中，生活才有价值。"昭雯深谙此理，她习茶、抚琴、亦品香、写字和读书，在不可能完美的生命中，这些传递着她对生活的至爱深情，也把日子过出了清新美意。

"志于道" 不仅是 "士" 的大道

人生是一场接一场的修行。习茶会让你所遇到的人和事都成为生命中的不同色彩，同时，也是你抵达内心美好的阶梯。

昭雯走近茶，源于喜欢。单纯地喜欢某件事物，会让人有向美而生的执念。学艺术出身的她对美有着特殊的感知力，几乎没费什么力气就拿到了国家高级茶艺师和高级评茶员的资质证书，但是，拿到这些证书的时候，她不兴奋，反而有些茫然：中国现有的茶艺是不是太注重表演性了？比如说一些花哨的行茶手法，再比如说茶席上随意而用的假花，这些不仅没有美感和生命力，而且往往忽略了茶本身。难道自己追随的中国茶道精神仅仅存在于茶艺雷同的一招一式中？显然不是。那它是什么？在哪里呢？

"对一件事钟爱浸淫久了，难免流于烦琐的细节与枝末，沉沦于物物的得失，安于营谋眼前的镜花水月，反而忽略了茶间真意。'志于道'不仅是'士'的大道，也是茶人之道。着眼于茶之本味、真味，一瓯在手，即便不能安顿江山，亦可清安身心。"迷茫之时，王迎新老师的《吃茶一水间》里的美丽文字跃入昭雯的眼帘，令她恍然间似嗅到了茶之本味，立即眼明心亮了起来：这才是我心中要寻的那盏茶啊。

在云南洱海边，昭雯与人文茶道的王迎新老师一见如故，交谈之中，相见恨晚，喜悦涌动在心头。如她所愿，茶在这里呈现出了本真人文的美好——午后漫漫的光照亮了竹林，泉水在欢快地涌动，茶炉中传来阵阵松涛的声响。兴之所至，她不仅在茶会上唱了昆曲，而且还和老师一起商量如何把昆曲更好地融入茶会。吃茶之事讲究载物之德，物在这里是实物，也是虚物。懂得善巧用物，方可润得苍生。所以，在人文茶道的茶席之上，可以减去精巧的茶匙，用一枝细竹或一根梅枝代替；可以用淡黄的手工棉纸包起茶品，减去描金的茶罐；还可以减去繁花遍布的棉布，等待太阳在下午四点把树枝投影在素净的席面上，在转瞬即逝的光阴图画里，体会一期一时的心境。

　　以文心事茶，不求喧嚣，只为一份美好。在敦煌，因为喜欢上那些风骨高傲且带着累累创伤的风砺石，昭雯爽性把皮箱的衣服清空，装满了石头。因为那些石头看是立体的画，读是博学的书，听是无声的诗，它展现在你眼前的是一个沧桑、质朴、厚重、神奇的敦煌。在无锡惠山书堂前，松竹之下，有泉甘爽，乃人间灵液，清鉴肌骨。漱开神虑，茶得此水，皆尽芳味也。相传陆羽评定天下水品二十等，惠山泉被列为"天下第二泉"。昭雯品饮后，果然甘美无比，喝下后再也忘不了，忆及文徵明的《惠山茶会图》中一行文人雅士慕名而至此，不过是以煮茶法欲定水品。品后，"解维忘未得，汲取小瓶回"。她遂效仿之，汲水一箱快递至千里之外的家中。此举是茶人的美谈，识水品之高，仰古人之趣，各陶陶然。

　　昭雯说这些更接近茶心，更能让她细嗅内心之茶味，感知到精神的滋养和满足，如迎新老师所言：让身体在"度"之内理性谨慎，让心在"度"之外御风而行。

素水慢注，可邀青山入座

　　当万物生发，人于自然中采瑞草并制得茶，取水而唤醒它；当水向茶叶袭来，茶叶内的浸出物如同墨色般毫无规律地逐渐散开，这是茶之味的初相。追随迎新老师的脚步，昭雯探访各地茶山，潜心学习茶的人文精神，积极参与茶事文化推广。和茶走得近了，她发现，很多时候茶之初相不仅是感官的美，更是安放心灵的山水。

在九华甘露人文茶会上，昭雯行"兰若九式"：方寸之席，她气若幽兰，身心专注，以"观、净、入、初注、二注、复注、出、啜、观"九道程序行云南普洱熟茶，素水慢注，三注一出，端丽中可见其观照之心。彼时，观者和她一起沉浸在茶汤的世界中，于一啜一饮间，悠然忘怀。轻啜一口，今夕何夕，一时竟不知天上人间。当她把茶汤虔诚地奉予迎新老师之时，眼里有泪光闪动，她说："这种心境难以表达。"迎新老师嫣然一笑，"留在心里就好"。此时，邀一片青山入座毫不为过。你品的不是那盏茶汤，而是因境而生的心神之美，它不可言说，在人与境、人与器的和悦之趣中，也在你的心中静静流动。

茶者，察也。它虽然总是保持沉静，不发一言，但你能在它的低回浅唱中与之交流。昭雯说，这些年来，在茶中常常可以觉察到自己的心——孤独的、寂寞的、暗自清欢的。它让她不需要倾听者，便可独拥日月和江山；也让她收敛了全身的锋芒，变得温和、谦逊。

守心习茶，有独立之精神

习茶以修心，修的是对生活的一份热爱与赤子之心，修的是当下的心念、言行。苏东坡是爱茶之人，亦解茶中意，他在《送南屏谦师》中写道："道人晓出南屏山，来试点茶三昧手。忽惊午盏兔毫斑，打作春瓮鹅儿酒。天台乳花世不见，玉川风腋今安有。东坡有意续茶经，会使老谦名不朽。"诗中的"三昧"来自梵语 samadhi，意思是止息杂念，心神平静。这种茶间的心神平静是昭雯所喜欢的，它能让人悄然作别俗事里的焦躁，静静地沉入冥想。心空寂了下来，如水无形而有万形，水无物而能容万物，有精神的光在心底闪耀。这当是茶赐予人的别样深情。

一路走来，昭雯知道自己要的是什么，并一直借由茶去寻找生命的意义。她在湖北荆门有一间叫"颐兰"的茶室："颐"为托腮浅笑，"兰"为素心清雅，二者合一，意为澄澈心性、守心习茶，有独立之精神。在"颐兰"，气场相同的人，成了她的至交；附庸风雅的人，她敬而远之。同时，为了这份心性至达的独立精神，她涉猎了很多与茶一脉相通的雅事：抚琴、焚香、写字、读书。她相信，这些修行将使一个人的心由内而外地变得清逸丰盈。

在敦煌游学后，昭雯念念不忘和老师、同修们在莫高窟前趺坐瀹梅花饼的情景：打开梅花饼外泛黄的棉纸，光阴的味道先是和着周遭的空气随意飘散。待茶汤起，醇厚的梅花香便不绝如缕地在鼻息处起起落落。风起处，《阳光三叠》破空而来。

渭城朝雨浥轻尘，

客舍青青柳色新，

客舍青青柳色新；（一叠）

劝君更尽一杯酒，

劝君更尽一杯酒，（二叠）

西出阳关无故人，

西出阳关无故人。（三叠）

王维这首当年送给朋友元二的诗歌，全首诗只有四句，每句的字数相同，唱起来有些单调，但经迎新老师的诗句叠诵后，突然有了柳色撩人万绪飞的不舍不离意。昭雯忍不住抚琴应和，但琴因西北干冷的气候原因发生了热胀冷缩的音变，音高怎么也固定不了，音总在弦之外切切思念故人。这令她想起陶渊明的无弦之琴，"潜不解音声，而畜素琴一张，无弦。每有酒适，辄抚弄以寄其意"。以前昭雯总是不解其意，那时她恍然大悟：古琴的声音并不在"以声威人"，而在于"以静传神"，正所谓"入耳淡无味，惬心潜有情"。此为大音希声，真空妙有。此时，心已与天地精神交接，天知道，地知道，有没有发出琴声，又有什么关系？

昭雯说，习茶和抚琴在本质上是相通的，修的都是"味外之味"的清雅之心。懂得心法者，可神交天地、气渺无垠、旷达超脱、悠然自得，喧闹的都市需要这些清雅来静心。

潜心于茶，温暖人间寂寥的心

这些年来，昭雯一边习茶、抚琴，还一边研习香品、书法。

通过它们，她越来越清楚自己的身体活动和心念变化，茶、香、琴、书，它们的气息是相通的，在能量的相互转换中，心也在自我觉察、苏醒与变得丰盈。

世间攘攘，昭雯以茶为道，阐述生活的真善美。她慢慢觉得原本平常的一切都变得安然和喜悦——家里的红菜薹放老了，弃之可惜，稍加整理，便可以作为茶席上最生动本真的插花；秋虫鸣，心脾燥，就依《香谱》中李后主的"鹅梨帐中香"的方子来合香：取沉香末一两，檀香末一钱，加以鹅梨十枚，研取汁，盛于银器内，蒸三次，梨汁干，即用之；下雪了，天清地明，便学《红楼梦》里的妙玉收收梅花雪，虽没有五年之陈香可品，也可细数窗前梅花点点，红泥小火炉，把盏闻香茗。惠风和畅，无丝竹乱耳，最宜写字临帖，意犹未尽，再读读王阳明先生的心学，让心思简净。习茶是一个慢而美的过程，心静了，万物静观皆自得。

有人说这世上没有永恒。能够永恒的，只有一颗能因茶而安住当下的平常心。

当茶人能够潜心于茶，潜心于自身修养的提升，定能成为茶文化传播路上一盏照亮路途的明灯。昭雯愿做这盏明灯，可以温暖人间的寂寥心。

向心问茶，
问一盏人间烟火

敬贤

向心茶事首倡者

北京小圣贤庄·研茶阁主理人

人文茶道研修者与践行者

　　三生石上，一曲《游园惊梦》，让苏州美如春水初生，怯中藏羞。水袖翻飞处，让这座城有道不尽的良辰美景和诉不尽的哀婉缠绵。

　　想起苏州，便觉得苏州无他，唯一美字。美于园林，美于昆曲，不用修饰，却自带一种独特的清韵。这清韵加注到一个茶人的身上，则让人如见春色，情不知所起，一往而深。

　　暮春，苏州的园子风日洒然。

　　沧浪亭，亭立山岭，高旷轩敞，石柱飞檐，古雅壮丽。山上古木森郁，青翠欲滴，左右石径斜廊皆出没于丛竹、蕉、荫之间，山旁曲廊随波，可凭可憩。

　　沧浪亭中有小亭一座，名曰"仰止"，因《诗经·小雅·车辖》中"高山仰止，景行行止"而得名。亭虽小，但清流萦绕，竹影婆娑，尤宜幽坐。

是日，有人在这里布席瀹茶。清风徐来，但闻水沸。青瓷素盏，难掩乌龙茶高扬的香气。引南来北往的游客举步不前，不知今夕何夕。

茶烟清徐，心随鱼鸟闲。人文茶席，最合人文之境。

这是一次为清友所设的茶席。席主便是集颜值、才华、人品于一身的敬贤，雅号"95后国风少年"。

少年人如春前之草，无论跻身于荒凉的山冈，还是潮湿的一角，都能挺胸抬头、蓬勃生长。长相俊美、气质飘逸的敬贤从播音主持专业毕业后，跨界学茶，在茶圈小有名气后又尝试演戏，一路前行，以春草的姿态点染自己的人生。在茶道圈里，大家说他是"多栖明星"，骨子里他却依然最爱手中的那盏茶。这盏茶让他向心而行，慢下来，成为古典意趣的人文茶席践行者。在苏州两年，寒来暑往，他追随先贤们的风骨，着汉服，低调行茶，不论外面的世界有多喧哗，内心始终清明笃定。

每一朵花开都有欢乐，每一个角落都有禅悦。敬贤认为，向心问茶，最重要的是心。你的心明亮了，世界也就明亮了。

问茶中的人文关怀

从走近茶的那天起，敬贤一直在寻找茶的表达方式，一种属于中国茶的人文语言。也是善缘，2013 年，他因为一次采访，得遇人文茶席首倡者王迎新老师。正是这次采访，改变了敬贤对茶的认识，他说："之前就是把茶扔进杯子里去泡一下，作为一个解渴的饮品而已。"追随迎新老师的脚步去了云南后，他才发现，茶原来是那么有美感的一件事。

人文茶席，以茶为中心，融摄东方美学和人文情怀，不仅仅拘泥于茶的层面，更是一种复兴与发扬中的生活美学。迎新老师说，茶盏是品茗者的桥梁，借着它，完成茶事中主客的沟通，在这座桥梁上通过的，不仅是最美妙的茶汤、最曼妙的香气，还有闲云野鹤、山川云林。这些让敬贤觉得多了一个认知世界的维度。

对于灵性的敬贤来说，学会布一席茶不难，难的是怎样布出自己的人文风格。2014 年，在同龄人忙着买房买车、升职加薪的时候，敬贤开始跟随迎新老师访茶山、研习茶道及传统东方美学。在古茶园里，他记录下了茶山的故事，也记录下了茶的精神。寻访的过程虽然清苦，但他知道，心底里那盏绿意盎然的茶始终都在，不断给予他前行的力量，那是一种别样的心灵滋养。

人文茶席，重在践行，旨在修养。它是无形的，却时刻融在事茶的一点一滴里，融在茶人的举手投足间。这曾让初次事茶的敬贤产生过认知盲区，误认为一个优秀的茶人，就是在茶会中沉默不语，将宾客抛在一边。

敬贤说："在兰州的'皋兰问泉'茶会上，我安坐林间，自顾自泡茶，丝毫不管身边所坐何人。茶会结束之后，有嘉宾说我真像一个老茶人。我听了还挺得意，以为自己小有所成。和迎新老师一起下山，老师说我的重心放错地方了。当时我懵然未懂老师的意思。而今再回看那日的茶会照片，果然本末倒置。一个穿着大褂的小伙子，一脸严肃，眉眼间满是凌厉之气，目光肃穆沉静，和茶会的氛围非常不协调。那时我不是在试图冲泡好这杯茶，而是在模仿一种状态，一种'故作'的状态。而这种故作的状态，重点全放在了自己这个'小我'上，没了一丝茶味儿！"

两年后的九华山茶会前，敬贤跟迎新老师在寺院里溜达，再次提起这段往事，迎新老师说："模仿不可怕，可怕的是模仿过后，没了自己的样子。"

在茶会中，茶是最重要的。泡茶很简单，茶叶和水而已；泡茶又很难，要让一盏茶泡出愉悦感，不仅要了解茶及其背后的文化，从中汲取精华，还要用双手进行表达，让茶席有灵魂，同时让吃茶的人也入境入心。此非一朝一夕之功，需要茶人借由一杯茶在生活中不断修习。

在一个一切讲求速度的时代，选择慢下来，亦能感受到茶中的人文关怀。敬贤犹记得苏州久畹兰的那场茶会，一锅寿眉欢喜了一席人。起炭、生火、等水开，为了这口茶，大家一等便是三个小时。炭火将水慢慢烧热，茶浸在汤中润出真味。分盏而饮，大家惊呼：寿眉居然可以如此好喝！

慢慢等水开，慢慢喝茶，茶事因慢而有了人文关怀的美好。敬贤说，这让他想起了外婆。在他的故乡江西，每到清明前后，外婆都会带他一起上山去采山野茶。山野茶因未有人为干预，呈现出的是原始的自然生态风貌，一般都长得较为随性，梗节粗大，芽头肥厚饱满。如陆羽《茶经》开篇所言："茶者……上者生烂石，中者生栎壤，下者生黄土……野者上，园者次"。在敬贤的记忆中，将"野者上"的山野茶采回家后，外婆会把它们放入大铁锅内翻炒，做成一种传统的客家绿茶。每个清晨，外婆总是一早起床，烧好一壶水，然后抓一把茶叶在壶中焖泡。茶的制作方法非常粗放，但因为融入了一份外婆对家人的体贴心意在里面，再加之荒野茶独有的自然韵味，便温润了一家人的生活。

问茶席的格局

茶人需在茶之内习听自我清净之音，在茶之外体悟世间万物的和谐美好。

看花开有时，听古琴幽幽，缓缓地泡上一壶茶，是敬贤每天最享受的时刻。

茶席有百般置物：茶炉、茶壶、茶盘、茶则、茶匙……茶席纵有珍器百种，说来却并非都是必需品，倒是主人自如地在一方小天地里泡出自己的味道来才是最合适的。敬贤布茶席，一切以境为主，首先被他安放的便是壶承和主泡器。所谓一承一器定乾坤，他认为，主泡器自有君王气度，稳坐中央；壶承虽占据主位却甘为人后，将主泡器牢牢护持，托柱于前，外人莫侵。"一切以最舒适为准，不加任何无关的器具。筑茶为境，越简单越好。"情之所至，茶具和人都变得自如起来。

人文茶席所提倡的人文关怀不仅讲求关注茶本身，也关注人以及能够影响茶汤品饮的各种因素。人文关怀并不局限于对茶客的关怀，还体现在对席主自己的关怀。安住当下，安住心，是成就一席好茶的关键。敬贤说："在一些大型茶会上，我和迎新老师习惯于互为席主和茶助；而在人文茶道的学生结业茶会上，迎新老师通常会主动担起茶助的角色，观火、司水、备茶、净器……择一瞬最适合的时机，将茶汤之外的所有琐碎俗务尽数揽下，席主得以将身心都安住在眼前的一杯茶汤之中。事茶多年养出了敏锐，对方一个眼神，甚至一声轻不可闻的气息，便能在第一时间准确感知，并从容不迫地作出正确回应。无他，只因对茶熟如知己。不争，不言，退隐身后，为的是成就一盏好茶。"

一席茶，各自安好，这碗茶便有了自己的格局。

一切从心，永远是人文茶道的最高境界。从器物到手法，从形式到心法，都有探索的无限可能。

问茶的本意与初心

茶者，心也。在敬贤看来，茶是茶人的文化载体。每个用心事茶的人，都该通过自己的双手来展示茶本来纯粹的样子。

"照人如鉴止如渊。古窦暗涓涓。当时桑苎今何在，想松风、吹断茶烟。著我白云堆里，安知不是神仙。茶于中国人，近乎是一种游离在物质之上的生命承载。中国的茶道，便从不拘泥于一招一式，茶事亦如禅诗云：白牛之步疾如风，不在西，不在东，只在浮生日用中。浮生日用，这一句最真切的就是茶的本意与初心……"迎新老师的这段文字，一直印在敬贤心里。

2020 年 1 月 15 日，跨越全国十大赛区、在国内掀起茶艺旋风的湖南卫视茶频道第三季《最美茶艺师》比赛现场，剑眉星目、一袭朱砂红汉服的敬贤甫一登场，便以他深情厚朴的茶人开场白获得了满堂彩。在舞台上，他温杯、投茶、注水、出汤，每个步骤和动作都行云流水、环环相扣，举手投足间透露出茶人的端庄和自信。看他泡茶，身体中的每一个细胞都会为他手中的茶而雀跃不已。

在 50 进 20 的茶艺表演中，敬贤用了双壶泡：左手传承，右手创新；一面活泼热情，一面沉稳安静。在 7 进 4 的茶艺表演中，敬贤遵循迎新老师所说的，中国人的茶空间不是固定的，是以精神神态作为审美的至高标准，以神游物外作为茶事的最终意义。尽管他的表演道具很多，但营造的茶境却如诗如画，令评委老师们频频点赞，并打出了全场最高分。山之巍巍，流水相伴，水之洋洋，十指妙生。他用手中的一盏茶告诉大家，传统与创新本不冲突，动静相宜也是特色，同时也完美诠释了茶与山水的相融、茶与人的相逢、茶与天地的相适。经过多轮比赛激烈的角逐后，敬贤终凭自己的过人才学脱颖而出。

"因茶向心，因茶见心；天地大美，人文化成。"这是敬贤的参赛宣言，也是他对茶的表白。接纳、勇气、信念、向心，他将中国传统文化内省的精神融入茶学当中，以心为本，内外兼修。七年的研习与实践，敬贤已由人文茶道的践行者成长为传播者。近几年，他的向心茶事也有了追随者，这是真正令他自豪的事情。他说泡好手中的茶、传播人文茶道的理念，是对自己学习的检验。人文茶事，需要更多人走近，而不是高高在上。敬贤的愿望，和迎新老师一样，是让茶文化走近日常，得到更广泛的传承。

传承茶文化艺术，是敬贤今生要做的事情。

和敬贤论茶是一件令人愉悦之事。如临茶席，需要调动所有的感官去感受：春风漾漾，正是红叶李开得恣意之时，他一身黛蓝，御风而行。寂静处，效仿古人意趣，安席落花深处，静候一盏茶。新采的龙井落进山泉里，水汽蒸腾，茶香在四野漫溢，冽滟了一盏清绝……

从安住到坐忘，
如花在野

邓萍

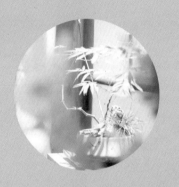

台湾知名美学设计师
国家一级茶艺技师
国家茶叶审评一级技师
福州茗沁缘茶空间主理人
福建汉服天下艺术总监
人文茶道研修者与践行者

　　茶是一片神奇的东方树叶，生于青山秀水之间，与山峦为伴，明月清风为侣，带着土地和手掌的温度，经过采青、萎凋、炒青、发酵、杀青、揉捻等数道工序的历练，涅槃重生般与我们相遇。

　　茶不能语却最动人，它在不同人手中，可以演绎出不同的语言。它是制茶师傅手中轻拢慢揉的吟唱，是茶艺师茶席之上气象万千的法器，是香道师香案上屏息静气的修行，是插花师与自然一起脉动的媒介……如果一个人既是茶艺师又是花道师，则会再造一段生命历程，延续一段美丽的故事。在这里，茶是一阕词，花则是词的注脚。它们亲密无间，如枝和梢，虽分离生长，却向心而立。正像台湾花艺专家黄永川先生所说："人生要有很多际遇，你才会丰富。"

　　在台湾出生长大的邓萍就是这样一个有着丰富际遇的人。

从台湾到福州，她从一盏茶中实现了自我关照，同时在插花生活中践行着东方美学。

在邓萍看来，喝茶，是和山林对话；插花，是和自己对话。有茶的世界养心，有花的世界清雅。茶和花都是从生命里生长出来的，与它们对话是为了成就更好的自己。

许多故事从一盏茶开始

邓萍的故事从一盏茶开始，她说中国人的喝茶习俗可上溯到二千三百年前的战国时期，最初茶叶是作为药用而受到关注，古人直接含嚼茶树鲜叶，汲取茶汁而感到芬芳。随着人类的进步，生嚼茶叶的习惯转变为煎服。煎煮而成的茶，虽苦涩，但滋味浓郁，风味与功效均胜几筹。日久，又以茶当菜，煮作羹饮。茶叶煮熟后，与饭菜调和一起食用。《晏子春秋》记载，"晏子相景公，食脱粟之食，炙三弋、五卯、苔菜耳矣"。

到了唐代，饮茶蔚然成风，饮茶方式有较大进步。此时，为改善茶叶的苦涩味，开始加入薄荷、盐、红枣进行调味。"茶兴于唐而盛于宋"，在宋代，制茶方法的出现与改革，给饮茶方式带来深远的影响。

明清后，烹茶方法由原来的以煎煮为主逐渐向以冲泡为主发展。茶叶冲以开水，然后细品缓啜，清正、袭人的茶香，甘冽、酽醇的茶味以及清澈的茶汤，更能让人领略茶的天然之色香味，而台湾的饮茶史也正是从此时开始的。明朝末年，台湾的先民开始从福建武夷山移植茶树，喝茶的方式承明继清，以叶茶冲泡法来喝茶。叶茶的冲泡以工夫茶小壶泡为主。这种冲泡方法是受隔海相望的福建工夫茶影响，其比较考究的是选用宜兴产的小陶壶和白瓷上釉茶杯，茶杯口径通常只有银圆大小，如同小酒杯。小陶壶（罐）里装入乌龙茶和水，放在小炭炉或小酒精炉上煮。茶煮好后，拿起茶壶在摆成"品"字形的3个瓷杯上面做圆周运动（当地俗称"关公巡城"），依次斟满每一个小杯，此时就可以捧起香气四溢的小茶杯慢慢品尝了。

邓萍说，茶是台湾生活中必不可少的。曾有个阿里山的茶农幽默地说，从他们家跑上山的猴子，不出三天就会跑回来，因为它们要回来讨茶喝，由此可见其浓厚的吃茶氛围。在她的印象中，无论是待客迎宾，还是谈事谈生意，都会请你坐下来，先吃一盏茶。吃茶强调的是"吃"的动作，自然淳朴，可以小口喝，慢慢饮，充满了闲情逸致，拉近了人与人之间的距离。这种慢泡细品的饮茶方式是中国人文茶道的精神所在。

供佛龛是台湾寻常人家每天早上必须要做的大事。在邓萍的记忆中，每天清晨五六点钟，阿嬷都要在佛龛前精心准备贡品，虔诚供奉。贡品中不仅有糕点，还会特别供奉三杯茶。这三杯茶用的是工夫茶手法，小壶泡，看似简单却并不容易，首先要用烧沸的开水冲入壶内，再逐一倒入公道杯、品茗杯和闻香杯内，其目的是提升茶具的温度，使茶叶在里面能更好地发挥色、香、味、型的特点。品工夫茶讲究"头泡水，二泡茶，三泡四泡是精华"，头泡冲出的茶水一般不喝，第二次冲泡完，并加上壶盖后，还要用开水烫洗壶的表面，内外加温，有利于茶香的散发。

台式茶侧重于对茶叶本身、与茶相关器物的关注，以及用茶氛围的营造。阿嬷在冲泡工夫茶的间隙会燃一支香，"焚香静气"就是通过点燃这支香来营造一个祥和肃穆的氛围，同时还要供奉几枝花在佛龛前。一年四季，无论晴天雨天，阿嬷供佛不会有丝毫怠慢。供佛的仪式隆重又庄严，是阿嬷对自然的敬畏与尊重。注视着阿嬷做这一切，邓萍莫名有落泪的冲动。耳濡目染，茶和花就这样自然地走进邓萍的生命中，她说："阿嬷为我打开了一扇窗，让我看到了另一种生活。"

自成一格，茶席插花的美与境

"工夫茶，闽中最盛。"工夫茶这一雅俗共赏的品饮方式，因深植于平常百姓的生活中而得以流传，且历久弥新。邓萍说她第一次从台湾来福建就被震撼到了，"茶店比米店还多。大街小巷，男男女女、老老少少，茶可以从早上喝到晚上。市井如此，写字楼里的高级白领也毫不逊色，办公室里基本上都有一张茶桌，没有茶桌至少也会备有一套工夫茶具。茶香可谓无孔不入，应验了'宁可百日无肉，不可一日无茶'的俗语"。

如同呼吸一样自然，茶是福建人生活的重要组成部分。从古至今，茶温润过许多人的心灵，邓萍也不例外。在那时，邓萍不知道，茶将是她的同修，她将成为一个人文茶人。

王迎新是邓萍在内地的第一位习茶老师。在台湾的诚品书店，邓萍第一次读到迎新老师的文字，立即像被施了魔法似的被吸引。"很多时候，独饮和沉默一样，是人生最为体己的时刻。世事多繁芜，唯案前风烟俱静，观茶、观己。举手投足，天然自成。偶尔快意酣畅、交契对饮亦是快事，'人散后，一钩新月天如水'，才知一期一会，莫如电光火石，转瞬即逝。唯珍惜当下，静默自省。"多年的习茶生活，让邓萍当即在心里默默许下愿望：有一天，我一定要去拜访迎新老师。

念念不忘，必有回响，2008年暮春，得知迎新老师在武夷山讲茶课，身在福州的邓萍毫不犹豫地报了名。高髻，素服，说话慢条斯理，第一次见迎新老师，邓萍觉得她像相识了多年的故人，亲切又随和。在课堂上，迎新老师讲的是茶空间与中国传统审美，"中国茶道之美，在天地间，在不同的山川风物与人文情意里，在五千年的文脉中。茶会打开美妙的窗口，过往的先贤，我们当下的身心，我们的儿女甚至孙辈，都曾或将在这条路上行走，在血脉中感应到与生俱来的安定与豁达，在有生的味觉、嗅觉、视觉之间迎接无限的愉悦。"台上迎新老师不紧不慢地授课，台下邓萍则听得如痴如醉，她说："那一刻，我觉得老师是个大宝藏，而我终于有机会靠近。"

三天的学习时间倏忽而过，邓萍说难忘最后一日的结业茶会。茶会的地点定在武夷山大王峰侧的幔亭峰下，茶会分派了三个任务给她：一是备茶签，二是做茶包，三是插花。做茶签相对简单，在素纸之上写明席主和茶席主题内容即可，但做茶包颇费周折。邓萍在武夷山附近几乎寻遍了周边的小店，才在一个茶叶店里找到了做茶包的材料——一些带锯齿的牛皮纸袋。遵循迎新老师所说根据不同器物所扮演的角色去决定它们应该具备的气质、个性及功能，才是最适合人文茶席所用的。回来后，她在保留牛皮纸袋锯齿边的同时精心修剪、粘贴，又摘取武夷山中随处可见的新鲜茶叶作为配饰，发于心，行于动，才做好了一款有着浓郁地方色彩的茶包。

跟做茶包一样，在武夷山上插好花也有一定难度。武夷山中多坑涧，地势不险峻，岩石丛生，鲜花少见，如何就地取材？迎新老师说：在山野里的茶席花要得其野趣，不一定要用平常的花器。邓萍想到了迎新老师带他们在三坑两涧行走时所观察的那些裸露的岩石石壁，石壁虽粗粝，但上面生有一簇簇莹绿的苔藓。这苔藓令她想起唐朝白居易的《石上苔》，"漠漠斑斑石上苔，幽芳静绿绝纤埃。路傍凡草荣遭遇，曾得七香车辇来"。越看越喜欢，邓萍索性顺手挖了一些苔藓作为花材。与此同时，邓萍还为苔藓寻到了特别的花器——一只残破的闽北建盏。她说："闽北建盏的美是独特的，这种美不表现在外表上，而在于其内涵与气质。与其他轻薄的瓷器不同，闽北建盏颜色深沉，形体厚重，大巧若拙，是完全自然的形制，这与野生苔藓的气质相得益彰。"于是，她的插花作品就这样在茶席上呈现了：有着岁月味道的闽北建盏内放着饱吸山间雨露的苔藓，苔藓之上有茶花三两枝点缀着。茶韵里有刚柔相济的秀雅之气，又有山野自然之韵。这样的插花悦己悦人，在结业茶会上得到迎新老师和茶人同修们的喜欢。

人文茶席中的插花，讲究的是自成一格，需要与茶席主、时令、地域等吻合。茶席中得体的插花，花永远是茶的配角，寄水之所味，追求自然本真的茶之意象才是其意义所在。那日的茶会，邓萍说是将天地间的轻声细语与小我的思绪融汇于盈盈一盏，轻轻地吃上一口，可以在这盏茶里看到自己。一盏下去，身体清了，心也安了。

从安住到坐忘，煮水度日一壶茶

一次茶会，让迎新记住了邓萍这个学生，邓萍也因此成了人文茶道的"御用"插花师。说是"御用"，其实是个苦差事。邓萍说："拿九华山甘露寺的那场茶会来说吧，就是要在不可能中创造出可能，化物之无用为有用。去茶会之前，老师告知我什么都不必带，我以为老师把花器、剑山、花泥等一切都准备好了，所以只带了一把合手的花剪去。去了之后才发现，迎新老师也什么都没带。没有花器、剑山，怎么插花？我很慌乱，老师却笑着说这对于我来说不是问题，让我在周围找找看看。"一找之下，果然惊喜无限。邓萍很快找到了徽派特色的瓦片和寺院厨房腌渍咸菜用的废弃竹竿，用它们做花器，又采了些野花做花材。茶席之上，花器自然，花亦灵动，如明代园艺家计成在《园冶》中所言，"虽有人作，宛自天开"。邓萍说："当我用花完成了茶席的意象，并且以此可以达到感染他人的目的时，那么，我的花才借由茶完成了它的使命，有了生命力，也才有了设席之意义。"

　　茶席中的插花，实则是茶的精神的体现。茶席上的插花追求意境，此时天地大美，花给人以视觉感观美的同时，还给人带来心灵上的荡涤。迎新老师提出茶席中的"人文关怀"理念，将茶事活动带入善与美并存的境界。在茶席上，欣赏一件意境深邃的插花作品就如同品尝一壶层次丰富的茶，香气与回甘往复交替，令人回味无穷。

　　在中国，喝茶插花不仅是一种生活方式，也是中国文人精神的象征。跟随迎新老师久了，邓萍愈发坚信这一点。

　　在旁观者眼里，邓萍是一个充满人文情怀和浪漫主义的茶人。其实，她是传统文化的追随者，作为福建汉服天下的艺术总监，一直致力于传统文化及汉服文化的推广，曾成功举办过七届"中华礼乐大会""海峡汉服文化节""闽台匠人大会"等大型活动，还在纽约时代广场、戛纳电影节等全球瞩目的场合展示过汉服文化。她认为汉服文化和茶文化同为传统文化，像一对孪生兄弟血脉相连。在汉服文化中植入茶文化，茶文化会因此有更丰富的内涵，同时也是茶文化进行人文传播的重要途径。

　　邓萍一直在追求传承茶的人文精神，也在用现代理念去解读它。她在福州三坊七巷的茗沁缘茶空间经常举行各种雅集活动，她说："传统文化是和谐共生的，不是单一的文化形态。"

　　茗沁缘茶空间有一个院子，邓萍在这里养花伺草，把一切打理得生机盎然。回归自然，顺应本性，布一方茶席，置一簇插花，她在这里构建了容纳茶和自己的空间，用茶、花和天地交谈，慢了光阴，止了浮华。这不是茶加花那么简单，而是在茶、花和人三者间形成一种可以互动的关系。尊重不同，兼容并蓄，方中有圆，日日行茶，时时修持，这正是中国人文茶道美学的独特玄妙之处。她说："天地浩渺，万物有灵。享受一壶代表天地的茶是幸福的，茶的香气悠长、古朴、深远，总能构筑从安住到坐忘的习茶途径，让人瞬间静下来。在收摄心念的同时，你会在天地间体会茶与生命的意义。一杯饮下，身心俱明。"

人生无俗事，
趺坐试芳茗

May

海南海口媚时光茶空间主理人

海南珍稀奇楠沉香茶联合创始人

海南航空第一代空乘

人文茶道研习者

修心之道践行者

好光阴是可以观己观心的，它在茶席之上，知道你的枯萎、绽放和孤意。夜听"喜马拉雅"里 May 的声音，风影动，灯火寂，就这样为伊人惊了心。

心似云，

漂泊万里，

却不会停留。

我似云，

行遍千里，

却不曾停歇。

May 用她温柔的声音告诉我们，世间皆美，世间也皆苦，但在一盏温热的茶汤里，所有的遇见都是久别重逢，禅者的初心不过是无怨无悔。

May 是一个心明眼亮的女子。

这样的女子餐花饮露，总是站在云端看风景。

这样的女子也总是让人惊艳，她是祁剧演员、国内知名航空公司第一代空姐、MTP 管理培训师、EAP 心理咨询师、茶空间主人。她一路走来，光芒万丈，但峰回路转，她最爱的还是手中那盏茶。

她的茶，和她的声音一样，美得干净、纯粹。

她让人相信，茶本身可以明心见性。以茶修心，心的深、远与茶的静、定如出一辙，它们的共性如空山之空，空到寂，寂而有光。

人生就像一出戏

在《朗读者》中，董卿有一段独白的台词："从某种意义上来说，时间的一切，都是遇见。冷遇见暖，就有了雨；冬遇见春，就有了岁月；天遇见地，有了永恒；人遇见人，有了生命。"当孩童时代的 May 遇见祁剧，便有了她的第二次生命。

祁剧是湖南省传统地方戏剧种之一，因发源于祁阳而得名。祁剧的特点是唱腔高亢、激越，曲调轻快、流畅，唱、念、做、打是其主要的表演形式。11 岁，青荷出水的年纪，当同龄孩子还在父母怀里撒娇的时候，表演天赋初现的 May 已在戏曲学校开始了长达六年的专业祁剧学习。在厚重而博大精深的祁剧文化海洋中徜徉，她如饥似渴。

要想在祁剧上有所建树，不多下点苦功夫，不流点汗水，几乎是不可能的。"学祁剧时练功最苦，拿拉大顶来说吧，一拉就是半个小时，汗水总是顺着脸颊湿透衣衫。母亲第一次在练功房里看到我练功时，心疼得眼泪都落下来了。"May 回忆起当年学艺的场景，至今仍历历在目。

像其他传统戏曲一样，祁剧的表演技艺仅仅靠练功是不够的，它还需要有悟性。为了演好祁剧，May 除了比别人多练上几遍外，还总是喜欢揣摩剧情，把剧情想象成自己的经历。在表演时，她在唱念的同时，总能把人物的内心世界刻画得入木三分。内心如何刻画，《黄帝内经》里写道："有诸形于内，必形于外。"大意是，人的身体内有了毛病，一定会在身体表面显现出来。引申到祁剧上 May 说你演什么人必须先自己做这个人，这样你的内在气质必然会在言行中体现出来，戏就演活了。一句话，演戏需要身心结合，要有个性和灵魂，要与生命融于一体。从某种意义上来说，这也是 May 的真性情。

人生就像一出戏，每个人都是戏里的主角，而且每个人的角色都可能随着时间、地点、场景在不断地变换。这场戏能否演得精彩，就看自己的心之所向。May从艺术学校以优秀毕业生的身份留校任教，由于当年的戏曲曾一度走入低谷，何去何从，很多人为之彷徨。在舞台上遍历别人的人生，May在面对自己的生活时，内心自有向暖而生的笃定，她相信世间的万事万物，不变都是暂时的，而只有变是永恒的。这种角色的转换，是由于人生中会出现很多机遇，而机遇稍纵即逝，谁抓住了机遇，谁就会改变自己的命运，成就更好的自己。

机会总是偏爱那些有准备的人。1992年，这个机会摆在了May的面前。那一年，海南航空公司面向全国招收第一批空乘人员。美丽、端庄、大方的外表，多年祁剧练功塑造的完美身段，让May凭借良好的条件直接免初试，破格进入空乘人员的复试阶段。8000人的角逐，May凭借自己的实力一路过五关斩六将，脱颖而出，成为当年16位被录取的空姐中的佼佼者。她的蓝天梦也就此开启。

活在世间，但不属于它

路是靠自己走出来的，路就在自己的脚下。这话一点不假，天上不会掉馅饼，只有靠自己去努力、拼搏才有可能成功。May 顺利进入航空公司后，首先去大洋洲进行了为期三个星期的专业学习，这次学习让她大开眼界。比如，她原本以为空乘服务就是简单地在客舱迎接旅客登机，然后在飞机上给旅客提供餐饮而已，在进行规范的学习后，她才发现空姐从微笑到平时的站姿都有严格的礼仪标准。比如，练习微笑礼仪，规范是露出的牙齿应当在 6 到 8 颗，如何做得到？唯有练习，而且要在嘴里咬着一根筷子进行练习。为了练好这种礼仪，一笑就是几十分钟，把脸部的肌肉都笑麻了；还有空乘礼仪中的站姿站起来真不轻松，空姐们在练习时，不仅要穿着 5 厘米高的高跟鞋，而且头上顶本书，膝盖间夹张纸，一站就是一个小时。在这个过程中，书或者纸都不能掉下来，否则就得重新做。吃过祁剧练功的苦，这些对别人而言苛刻的训练对 May 来说根本不算什么，做最好的自己是她始终如一的要求。

1993 年，从海口到北京的第一条航线开通，这是 May 飞的第一次航班。在高空之上，她紧张又兴奋，但终究以热情周到、落落大方的专业服务圆满完成了首航任务。想不到的是，这一飞就是 21 年。在这 21 年里，她飞了无数次国内、国际航班。在一次次起飞和降落之间，她从乘务员到乘务长、教员到集团空勤管理中心经理，把最美的青春献给了海航，也获得了

"功勋员工"称号。回首这段光鲜岁月，May 说感谢光阴的礼物，职业给她带来五种优秀的个人品格——责任心、爱心、包容心、同情心和耐心。

当然，职业的幸福感背后也有不为人知的艰辛——对于空姐来说，国际航班虽然可以得到更多的见识和收获，但在飞机上最缺的就是睡眠了。航班有时深夜出发，到了当地却是白天，来不及倒时差，也就很难好好休息。因为人体的生物钟一旦被打乱，就不能立刻回到正轨，要恢复正常是需要一定时间的。长此以往，很多空姐的身体都吃不消，所以说，空姐这个职业，不是人人都做得来的。像 May 这样数十年如一日坚持下来的，跟她先后考取 MTP 管理培训师、EAP 心理咨询师有关，靠的是她强大的内心。内心强大者有丰富的精神领域，知道自己想要什么，该怎样去努力，从而得到自己想要的一切。

这些年来，在家庭和工作之间奔波，May 的压力不可谓不大，但是她知道人生终究是向内求自己。心灵越丰富，自己越能胜出和强大。在安排好自己的工作之余，她努力给自己减压——一边学习瑜伽，一边学习胡因梦老师的身心灵课程。"凡是你抗拒的，都会持续，这些负面情绪就像黑暗一样，你驱散不走它们，你唯一可以做的就是带进光来，光出现了，黑暗就消融了，这是千古不变的定律。"这是 May 困顿时的心念。

执于一念，将受困于一念；一念放下，会自在于心间。2014 年，May 放弃了让人羡慕的海航工作，选择停薪留职。有人不解，May 觉得累了就该休息，灵魂的修复是人生永不干枯的原因，拥有一颗安闲自在的心比什么都重要。这就像春华秋实，春天的花从树上凋落了，你看着会很心疼，其实它是化成了春泥，在春夏之间平静地积蓄力量，秋天一到，累累果实让它芳华依然。

见自己、见众生、见天地

身放松，心放空，May 决定过一种自己想要的生活。

焚香除妄念。

"明窗延静昼，默坐息诸缘；聊将无穷意，寓此一炷烟。当时戒定慧，妙供均人天；我岂不清友，于今醒心然。炉烟袅孤碧，云缕飞数千；悠然凌空去，缥缈随风还。世事有过现，薰性无变迁；应如水中月，波定还自圆。"宋人陈去非的《焚香》诗，可在一定程度上反映出古人对香的喜欢程度。人类对香的喜好，乃是与生俱来的天性、可调动心智的灵性，于有形无形之间，调息、通鼻、开窍、调和身心。这是香道吸引

May 的地方。

一支好香，不仅芬芳，且安顿人的心灵。慢慢点燃的过程，更是颇具仪式感：净手焚香，需要气定神宁、心无旁骛，方能引出一支疏密适宜、燃烧恰当的香。端坐观之，感受香火的忽明忽暗，青烟袅绕间可悟出，兴盛衰败，高峰低谷，乃人生常态。在如水墨画一般写意的烟气中，嗅着似有若无的香味，May 感觉自己的心就这样随着生活的节奏一天天慢下来了。

闻香品茗，自古就是文人雅集不可或缺的内容，明代万历年间的名士徐唯在《茗谭》中说："品茶最是清事，若无好香在炉，遂乏一段幽趣；焚香雅有逸韵，若无名茶浮碗，终少一番胜缘。是故，茶香两相为用，缺一不可，飨清福者能有几人。"

内有所求，外必有应。香和茶的相遇，是一种静与思的融合，是自然的秉性。就像 May 和迎新老师的相遇，在对的时间、地点，以最纯粹的心，慢慢地煮水、润壶、瀹茶、出汤，茶可以不是旷世之茶，但求入眼入心、悦人悦己。

良师者，人之模范也。从 2014 年开始，May 跟随王迎新老师奔走在习茶的路上。从武夷山到终南山，从柏林禅寺再到甘露寺，她像王迎新老师一样把自己的触觉充分打开，让心和眼睛都变得柔软、敏锐，在感知自己的同时，也感知到卢仝饮茶时"情来爽朗满天地"的深情，和苏轼煎茶"明月江水，山间松涛，宇宙天下，皆备胸中"的快意。在完成了一个又一个对生命厚度的挑战与探索后，她终于明白：茶的自然禀性与人文精神有着深刻的相通之处，凡事要有待茶一般的初心，这是生命温度的本源。

May说，在遇到人文茶道之前，她是一个非常追求完美的人，她投入所有精力只是想达到一个生命的高度。有的时候，人越执着于什么，就越容易纠结于其中。执着与纠缠，很多时候是个陷阱，掉进去的人只有自己凭勇气与力量爬上来，才能够遇见更广阔的世界……一盏茶，让May重新找回了生命的温度，使她完成了成长与蜕变；同时，也使得她作为一个茶人，对茶的理解进入到一个更高的境界，走向一个更宽广的世界。

May至今犹记得甘露寺夜瀹普洱九道茶的情景：是夜，甘露寺山风寂寂，灯影暖黄，愈发显得山寺寒凉。May和昭雯跟随王迎新老师习兰若九式行茶法。起茶、煮水、温杯，昭雯的行茶手法动如行云流水，静如山岳磐石，习毕，笑如春花自开。May在旁边看得真切，深觉昭雯的习茶过程无可挑剔，然而，一直静立在旁作画的老师却一眼看出了端倪："行茶手法熟练，但少了逆水行舟的气韵，还记得第一次习茶时对茶的探索吗？找找看，气韵就藏在那里面。"

王迎新老师说得慢条斯理，May 却觉得有一团松烟墨色在画布上氤氲开来，墨干，松烟清香。王迎新老师所提倡的人文茶道"至专至简"的行茶手法，不仅仅是让你摆脱繁复花哨的行茶手法，更强调的是心法。一切动作和器物看似与茶相关，实则是一种从味觉到体感的生发，直至灵魂莲花次第开的曼妙心灵体验。人文茶道所提倡的"人文关怀"也是茶的初心——观照他人，观照自我，此初心如早春二月茶树生发的第一片新叶，盈盈带新露，却时刻保持着一种探索世界的热情。

有人或许会说，喝茶不就是端起和放下吗？煮水、泡茶，两步就完成了。

真那么简单吗？试一下便知。

May 回到初心，悟出了菩提。

茶汤还是那盏茶汤，可是在茶之外，你却分明在不安的岁月里，喝到了简宁、清和。May 说："茶汤的最高境界就是见自己、见众生、见天地。专注地泡茶，茶在岁月里安宁自知，得圆融甘润；人得茶之甘，心若莲花，自在欢喜。这是中国茶中的人文、人性之美。"

临风一啜心自省

"茶者，心之水。"只有用心品茶，用心做人，茶和心才能完全相合，才能回归茶的本意。

什么才是茶的本意？May分享了这样一个故事：师父从千里之外来，她请其到"茗人府媚时光"茶空间喝茶。少顷，水沸，May小心翼翼瀹泡冰岛，出汤，微笑着请师父喝茶。师父抿之，不语。May自喝一口，寡味，低眉喃喃道："这就是我。"相顾无语。师父上座泡茶，用滚沸的水疾冲茶叶，还用茶针几次搅动，再盖上壶盖焖了良久。May的心随着沸水、茶针而思绪翻飞，心里想：这可是十年冰岛啊！

师父品尝茶汤，自言自语道："太苦了。"欲倒之。May急忙拦下，苦涩浓郁，自己一饮而尽。入夜，May仔细思量个中滋味，无味还是至味。

次日再瀹之。明明还是那道冰岛茶，但俯首看去，茶叶在杯子里上下沉浮，丝丝清香不绝如缕，望而生津。她喝了一杯，喉韵明显，又提起壶注入一线沸水。此时，茶叶如花在杯中绽放了，一缕更醇厚、更醉人的茶香袅袅升腾，在她的四周弥漫开来。

禅心无凡圣，茶味古今同。May静静喝光了一壶茶，苦、淡、浓、清、香、涩诸味一一尝过，忽然明白了师父的开示：浮生若茶，茶只有两种姿态——沉、浮。苦时坦然，浓时淡然。没有一种快乐是长久的，也没有一种苦痛是熬不过去的。浓也好，淡也好，自有味道，恰如元代诗人洪希文的《煮土茶歌》中的两句"临风一啜心自省，此意莫与他人传"。人生无俗事，趺坐试芳茗。随茶而醒，大彻大悟，那种难以言传的欢乐，从来都是品茶人的心有灵犀。

一袭素色的麻衣长袍，布履裹足，利落的短发，淡雅的神情，May很多时候都沉浸在自己的世界里，即使周围很热闹。"我们大家无论是谁，都有一颗初心，以茶修心就是为了与这颗心相会。"她通过一杯茶汤的能量，在修正自己的同时，还将这份温度借由这杯茶汤进行传递，温暖身边的人，也慢慢地感染这个世界。

茶语万千，May说愿在面海而居的"茗人府媚时光"里取一室静美，于安谧清净之外，体会人生或茶事由至沸至烈回归至纯至简的过程，此情此景如师父所言：动了心就静静地欣赏，动了念却容易破坏它。自然是最好的呈现。人如此，茶如斯。

茶与诗如故人 如生活本身

张卫华

高级工程师

高新领域私营业主

人文茶道研修者与践行者

　　关于诗歌的起源，《毛诗序》记载："诗者，志之所之也。在心为志，发言为诗。"南宋严羽《沧浪诗话》云："诗者，吟咏性情也。"《礼记·乐记》则记载："诗，言其志也；歌，咏其声也；舞，动其容也；三者本于心，然后乐器从之。"由此可见，诗歌是一种抒情言志的文学体裁。

　　在茶圈中，张卫华的昵称是"华华"。

　　华华喜爱文学，喜欢诗歌赤子般的表达，更喜欢它由心而发的属性。很多时候，诗歌不仅是一种情怀的表现方式，更是一种生活方式。简单的语言、真挚的情感里，蕴藏着华华的梦想和人生。在诗意生活的背后，是她全身心追寻自我、实现自我、完善自我的美丽蜕变。她说："每个当下，我都选择遵从内心，理想之光总能引领我到达想去的地方。有梦的人，在任何时候，都自带光芒。循着这束光，你会发现慢下来去生活，原来那么美。"

美好的东西总是相通的。诗如茶，有的婉约，有的豪放；茶亦如诗，有的清远悠扬，有的荡气回肠。

当诗歌遇上中国茶，既能怡情，又能安顿身心。两者相遇，宛如清风遇见明月，让华华的人生多了别样的传奇。

记忆的梗上那朵娉婷的花

在现代诗歌中，张卫华最爱林徽因的诗，因为她的诗简单、干净、纯粹。很多时候，林徽因的诗像一剂清凉贴，在温柔中带有唤醒人心的力量，比如这首《记忆》。

断续的曲子，最美或最温柔的

夜，带着一天的星

记忆的梗上，谁不有

两三朵娉婷，披着情绪的花

无名的展开

野荷的香馥

每一瓣静处的月明

湖上风吹过，头发乱了，或是

水面皱起像鱼鳞的锦

四面里的辽阔，如同梦

荡漾着中心彷徨的过往

不着痕迹，谁都

认识那图画

沉在水底记忆的倒影

华华说，这首诗虽不及《你是人间四月天》那般传诵广泛，但其轻盈温婉、微澜静漾且回味悠长。我们若记忆中缺失了这两三朵娉婷，那么在某个尘埃落定的茶间午后，偶坐窗前，拿什么去透过红尘，温润这专属于自己的时光呢？

有些记忆从不需要想起，但也从未忘记。

张卫华出生于一个军人家庭，打小习武十年的她，自踏上社会就是忠诚侠义、坚韧果敢的人设担当。大学毕业后的华华，也曾尝试着在事业单位做过朝九晚五的财务工作。然而，这份一眼就可以看到白头的平稳，如何安放住一颗驿动的心呢？仅待了两个月，在安定和不确定之间，她选择了后者。人生之美，在于可以从事让自己发光的事。

乐于接受新事物的她，进入了电子信息行业，这在二十世纪九十年代绝对是最前沿、最具挑战性的高科技行业。华华喜欢这个被需要、有价值、颇有高级感的前沿行业，不走寻常路是她的个性。"选择只是凭直觉，无关名利。一路走来，若是有点规律，就是千军万马的角逐场上一定没有我，一骑在野、剑走偏锋似乎更适合我。"张卫华笑言工作是入世的必修项，功能在于保障个人生存与自由的基础上，承担社会角色的责任。

大胆、细心和敏锐的特质，让她在这个行业如鱼得水。五年之后，她成长为公司的股东、总经理。彼时，华华28岁，被外界定义为"成功女性"。对于这样的评价，华华莞尔一笑："成功的定义因人而异，不少女性享受相夫教子的过程，并在这个过程里体会到幸福，这就是成功。对我来说，做着自己想做的事，对未知保有好奇之心，不轻易停下探索的脚步，便是成功。"

职场风云，并未消减华华的文学梦，她一直认为文学与生活应是相生共存的。对现代女性而言，独立的前提是永不停止精神成长。华华说，文学来源于生活，又高于生活，赋予了生活更多的不确定性和可能性，给了她遵从内心、坚持理想的勇气和力量。活在文章、诗篇中的人物鲜活如在身侧，让她觉得犹如晚风轻拂杨柳，心不由自主地跟着摇曳起来，温柔起来。每首诗，在她看来都是一幅画卷，徐徐展开，又迟迟不想收起。"文学滋养人心。诗歌更深邃，是一种情感的释放，能够洞穿心灵的每一个角落。"华华说。

爱上茶，爱上灵魂的愉悦

《仍然》

林徽因

你舒伸得像一湖水向着晴空里

白云，又像是一流冷涧，澄清

许我循着林岸穷究你的泉源

我却仍然怀抱着百般的疑心

对你的每一个映影

你展开像个千瓣的花朵

鲜妍是你的每一瓣，更有芳沁

那温存袭人的花气，伴着晚凉

我说花儿，这正是春的捉弄人

来偷取人们的痴情

你又学叶叶的书篇随风吹展

揭示你的每一个深思，每一角心境

你的眼睛望着我，不断的在说话

我却仍然没有回答，一片的沉静

永远守住我的魂灵

华华记不清自己从什么时候开始爱上茶的，总之，爱上了就再也放不下。她说："无论再忙，我每天都会给自己留出至少一泡茶的时间。在这个专属时刻，看着茶叶从杯子里袅袅浮起，又沉沉落下，心会特别安静，身体放空，那是对灵魂的愉悦和供养。"

2013年，华华从茶友月月那里首次听到"王迎新"这个名字，后来开始读她写的书，随着章节中的妙文佳句，"王迎新"便深深地印在了华华的脑海里。在关注了王迎新老师的微博和微信公众号后，华华在南昌的一次茶课中与王迎新老师有缘相见。人淡如菊的王迎新老师，让华华第一眼就感觉十分的亲切与舒服。在一周的茶事修习中，王迎新老师讲的是如何运用中国的陶瓷、书画、木作、藤编、纺织、银锡器等传统物件元素来设计、布置充满人文情怀的茶席，如何从茶经茶史、诗词曲赋、书法绘画中寻找人文情怀、雅趣玩赏，提升生活美学素养……与其他茶课不同，王迎新老师抒发的是茶人志趣、品茶心境。更让华华感动的是，当时的茶课，她因个人原因迟到了半天，迎新老师不仅没有责怪她，还专门在课后晚间为她设席单独补课。推门进入老师房间的那一刻，素雅的茶席上线香袅袅，迎新老师以温暖的笑容盈盈而对，华华感知到自己的生命在复苏，似窗外的枝丫，因一缕春风的到来渐次繁盛起来。

在华华的眼里，迎新老师是这天下一等一的妙人。妙人者，有王徽之雪夜访戴"乘兴而行，兴尽而返"的洒然，也有"空山松子落，幽人应未眠"的深情。

此后，华华在迎新老师的引领下，怀抱"独立、谦逊、博闻、包容"的茶人品格，开始走上习茶之路，慢慢学习茶的冲泡技能，参与全国各地的茶文化推广活动……这些事情对于外行的华华来讲，可谓是相当繁琐的，她却每每千里追随、乐在其中。

在南糯山 800 年的古茶树下，她跟随迎新老师体验茶叶初制之美，于鲜叶采摘、杀青、揉捻中体会一芽一叶的来之不易，体悟"惜茶爱人"之深意；在终南山的净业寺里，伴着晨钟暮鼓感悟禅茶一味；夜宿洱海畔，她与迎新老师、同修们席地而坐，以海浪为乐，煮水投茶，冲泡品茗，林徽因的《那一晚》便入了茶、上了心：那一晚我的船推出了河心，湛蓝的天上托着密密的星……

追随人文茶道久了，华华发现茶人的风骨在一啜一饮间，亦在一言一行间。迎新老师潜移默化地教了她很多茶之外的东西，她以前读《礼记·曲礼》中的"人有礼则安，无礼则危"

时不甚理解，后来有一次去昆明出差，在公事办完后去拜访老师，忽然对这句话有了深刻的理解。是日，跟老师约好了见面时间。当她准时到访时，发现老师不仅已静候多时，且将"一水间"洒扫庭除一新，每一株花草都是鲜翠欲滴的最佳状态。这一待客方式是她没有想到的，茶未饮，心已暖，留坐良久，才尽欢而去。华华说通过迎新老师的待客方式，看到的是她的家学渊源和历练修为。有了礼，人与人之间的关系才能平衡稳定，礼的根本就在于克制自己，尊重他人，在礼尚往来间体会这世间宝贵的相惜之情。自此，在大都市钢筋水泥的森林里乏了倦了，华华就会想念昆明，想念生活在那里的迎新老师，想念大家在一起时那份出尘的用心与深情。

华华说她现在每年都要上几次迎新老师的茶课，称之为行走人间的补给驿站，必然且必须。近朱者赤，在她的影响下，敏而好学的儿子也走进了人文茶道，成为迎新老师的学生。

中国人文茶道之美改变了华华，让她在习茶中倾听内心之清净，在茶山中体悟自然之和谐，在茶事中追寻茶道之本真。从这个角度上来说，茶是一门艺术，与文学、书法、绘画、音乐等毫无本质差别，既有章可循，又绝无严格规则可言，核心就是一个"悟"字。

衣冠风景故，念此一斟茶

《别丢掉》

林徽因

别丢掉

这一把过往的热情

现在流水似的

轻轻

在幽冷的山泉底

在黑夜，在松林

叹息似的渺茫

你仍要保持着那真

一样是明月

一样是隔山灯火

满天的星，只有人不见

梦似的挂起

你向黑夜要回

那一句话——你仍得相信

山谷中留着

有那回音

从华华接触茶的那天起，她的生活中便融入了茶与诗的对话。

中国是诗的国度，诗家灿若群星，而"诗圣"杜甫，更是中华民族诗歌文化的一座高峰。2018 年，华华与几位友人茶聚，其间郑州大学文学院的刘志伟副院长聊起正在筹办的"诗圣杜甫与中华诗学"国际学术研讨会，当华华获悉会议将在杜甫故里河南巩义举办时，第一时间想到的就是邀请恩师王迎新和人文茶道的茶人同修们前来助阵。

这是一次诗歌的盛会，来自海内外的专家学者齐聚诗圣故里，群贤毕至、济济一堂，大家以文会友、以诗传情，分享杜甫诗歌的研究心得，感知中华诗学的文化魅力，展示传统文化的时代自信。其间，华华心念绽放，宛若一棵开花的树。因缘际会，她才有机会和茶友月月一起协助王迎新老师，为海内外专家、学者承办这场盛大的"月是故乡明"杜甫故里茶会雅集活动。

在恰逢谷雨时节的雅集中，王迎新老师带领人文茶道的茶人同修们为与会嘉宾们共同呈现了"兰若九式"茶道作品，以"观、净、入、初注、二注、复注、出、啜、观"九道程序行云南普洱熟茶。千年诗歌、千年光阴悄然在一盏茶里交汇，沉淀出醇厚的茶之本味。观茶观已，人茶不二。一曲《饮中八仙歌》清音起时，茶人煮泉瀹茶，三注一出，盏中一泓月色，澄澈在心，令观者情不自禁地随之进入到安宁静好的茶境中。随后，十六位茶人同时冲泡用洛阳牡丹和信阳毛尖冲泡的"月明"。彼时，暮色四垂，茶墨俱香，端丽中可见大唐古韵，浣花村中诗风起，文人与茶人在一啜一饮间，悠然忘怀。

当时参加雅集的嘉宾包括河南省原副省长、河南省人大常委会原副主任贾连朝，世界汉学之王、法兰西学士院通讯院士汪德迈，美国西华盛顿大学终身教授俞宁，日本冈山大学教授下定雅弘，中国杜甫研究会会长、西南大学文学院教授刘明华等诸位贤者。大家在诗圣故里轻啜茶汤，缅怀先贤，怀古惜今，兴之所至，才思泉涌，创作出数十首咏怀之作。

回想谷雨盛会，华华说正如一位诗家在"月是故乡明"雅集后的欣然所撰："细采嵩山芽，与烹洛水花。衣冠风景故，念此一斟茶。静绿浮暖雪，野香润山月。山中若有人，为拂髻年发。游戏宛洛中。车马乱尘风。倏忽秾华过，朱颜不再逢。芳宴有时尽，素弦清复紧。依稀谢主人，缱绻思遗韵。"九十高龄的世界汉学之王汪德迈先生更是对这次诗与茶的碰撞给予了高度评价，谈起这次茶会的感受时，他说："一方水土养一方人，不同的水土、风俗才能滋养出不一样的文化。文化自信在于根本，汉学同源，不忘初心，方得始终。"为表达心中的这份挚情，汪德迈先生还特别为人文茶道题字，所提之字为甲骨文的"文"字。文以载道，诗以言志。二者相得益彰，互为表里，方得诗与茶之奥妙韵味。

　　茶为诗家们带来无尽遐思和诗意，也表达出茶人的虔诚之心。当被问及做这次茶会雅集的初心时，华华说："不为无益之事，何遣有涯之生？在瀹茶读诗中，品味烟火之外的意趣。"茶烟袅袅，诗情悠悠，有暗香盈袖也。

茶与诗如故人，如生活本身

《静坐》

林徽因

冬有冬的来意

寒冷像花

花有花香，冬有回忆一把

一条枯枝影，青烟色的瘦细

在午后的窗前拖过一笔画

寒里日光淡了，渐斜

就是那样地

像待客人说话

我在静沉中默啜着茶

　　花开有声，叶落有声，这些微妙的动静，只有用心的人才能体会得到。如果生命是一条长河，茶与诗就是值得寄托与信赖的伴侣。饮者不在酒，钓者不在鱼，烹茶者亦不在茶。

茶与诗如故人，总能在不经意间见到，是乍见之欢，却久处不腻，也如生活本身。遇见茶，华华骨子里的坚毅、果敢开始变得温软、灵动。空闲时，她喜欢在自己的茶空间里静坐。泡茶的那一刻，时光会缓慢下来，整个人如入自然之境，那里有日月星辰之辉，有四季流动之气，身心也生出了光彩。

茶香袅袅间，她的心境总是如茶般静怡。安宁的内心喜欢闲静的东西，比如，看一朵花，在阳光下缓缓地绽放；比如，念一首喜欢的诗，可以一直念，直到念得有了倦意。

罗廪在《茶解》中写道："山堂夜坐，手烹蚕茗，至水火相战，俨听松涛，倾泻入瓯，云光缥缈，一段幽趣，故，难与俗人言。"向上生长，不忧不惧，以诗入境，以茶入心，华华始终以专注之心，去迎接生命中随时会遇见的风景与喜悦。

与茶亲近，茶俨然成了华华连接自己内心的载体，也给她不可预估的能量。她感恩着手中的这盏茶，因为这一盏茶，让她的生活有了目标和方向——余生以弘扬中国茶文化和茶美学为己任，践行、传播因茶而起的美与善，让更多有缘人从中获得美好与幸福。于是，患得患失越来越少，温暖和正能量越来越多。生命没有固定形式，成长永远比所谓的成功更重要。

做琉璃和习茶
都是修行

梁明毓

琉璃艺术家

琉璃茶器第一人

茶会雅集导演

人文茶道研修者与践行者

人生，就是一场修行，也是一段内心不断被摧毁却又自我重建的旅程。在旅程中，有人把风景看遍，浴火涅槃；有人就此停步，不再向前。

修身之道，最难是养心；养心最难之处，是放下。

《六祖坛经》言："坛经以无念为宗，无相为体，无住为本。"这里说的就是放下。从某种意义上来说，放下是对心中自律的坚守，是在无人时、细微处，如履薄冰、如临深渊，始终不放纵、不越轨、不逾矩。放下欲望，心里自然会平静、安定、富足。如此，明心见性是修行，格物致知亦是修行。

心者，万法之根本，一切唯心所生。

在生活中，真的有人能做到心无所住、心无挂碍吗？

梁明毓的答案是肯定的。

在这条悲欣交集的道路，他遇到了琉璃和茶。

不染诸境，闲闲自如——做琉璃和习茶都是修行。在梁明毓看来，这场修行既是精神与文化的承载，也是在走一条通往内心深处的路。途中，无论身处喧嚣的红尘，还是寂静的山林，都是泊心而居的修行道场。在路的尽头，他找到了一种智慧，这种智慧能够让我们了解生命的真谛。

缘起：抬眼望去，皆是传奇

《咏琉璃》

韦应物

有色同寒冰，无物隔纤尘。

象筵看不见，堪将对玉人。

中国琉璃是古代传统文化与现代艺术的结合体，其流光溢彩、变幻瑰丽的外表，既是东方人精致、细腻、含蓄特征的体现，也是东方人思想情感与艺术的融合。

在中国的文字里，琉璃被古人视为比肩美玉的珍宝。关于它的美名至少有以下几种：缪琳、琅轩、琉琳、流蠡、玻黎、罐玉、药玉。

最打动人心的名字是"流蠡"。传说，琉璃是范蠡在督造"王者之剑"时发现的，于是将之赠予越王，而越王感念其铸剑之功，把原物赐回，并赐名为"蠡"。之后，范蠡请雕刻家将它雕刻为精美的艺术品，并作为定情之物送给了西施。后来，越国大败，西施被迫前往吴国和亲，临走之前将"蠡"还给了范蠡，同时晶莹的泪花亦随之滴落于信物"蠡"上。斯人斯景，令这铸剑时的坚贞之物也为之动情，"流蠡（琉璃）"之称，由此而来。

琉璃，沉积历史的华丽，穿越三千年的时空，以丰富的内涵保留着不可磨损的古人情怀。这种古人情怀通过诗文，常常将梁明毓拽入至美的东方美学之境。读唐代杜甫的《渼陂行》，"琉璃汗漫泛舟入，事殊兴极忧思集"，他感受到了碧波如洗之美；读清代纳兰性德的《早春雪后同姜西溟作》，"琉璃一万片，映彻桑乾河"，他领略到了晶莹剔透的琉璃气质；再读明叶宪祖的《鸾鎞记·途遘》，"归来愁日暮，孤影对琉璃"，他发现琉璃有遗世而独立的风骨。琉璃不会说话，却讲述着世间最动人的故事。这是琉璃吸引梁明毓的原因。

在古典文学名著《红楼梦》里，梁明毓说琉璃是一把神奇的钥匙，谁更懂得它，谁就能知晓更多的秘密。《红楼梦》（本文所引用的《红楼梦》文本，系中国艺术研究院红楼梦研究所校注，人民文学出版社 1982 年 3 月第 1 版）全书 120 回，提及玻璃 26 处，涉及玻璃器 15 种、23 件。《红楼梦》第四十五回

"金兰契互剖金兰语　风雨夕闷制风雨词"，写到风雨之夜，林黛玉送贾宝玉回去，把名贵的玻璃绣球灯给他，贾宝玉怕摔了，林黛玉就数落贾宝玉，"跌了灯值钱，跌了人值钱？……就失了手也有限的，怎么忽然又变出这'剖腹藏珠'的脾气来！"可见林黛玉对于贾宝玉用情之深、用情之可贵。后来，宝玉被关起来了，还小心翼翼地藏着这盏玻璃灯，它是黛玉给宝玉的信物，也是她留给宝玉的遗物。玻璃虽珍贵，却是易碎品，玻璃灯最终被衙役打碎，恰如宝黛的爱情以悲剧收场，应了唐代诗人白居易在《简简吟》中所写的两句："大都好物不坚牢，彩云易散琉璃脆。"这样的故事雀跃地进入梁明毓的眼里，让幼时即读《红楼梦》的他为故事本身唏嘘，同时也对琉璃世界多了几分探索之心。

《红楼梦》对于梁明毓来说是中国传统文化的启蒙书。它不仅是一部文学巨著，同时也是古代文化的百科全书，从园林、建筑到服饰、器物，从宗教、礼俗到诗词、典籍，从戏曲、绘画到饮食、养生，无所不包。这些文化滋养，已在某种程度上内化为他的美学精神和追求。如今梁明毓集设计师、琉璃手艺人、茶人、导演四种职业身份于一身，游离其间，游刃有余，应该说跟这些文化滋养有密切关系。

重生：琉璃之门，因佛而开

在转行做琉璃之前，梁明毓是某知名企业的设计总监，有着自己的工作室，还参与过知名导演的影视剧宣传设计，像中国国家话剧院田沁鑫导演的《四世同堂》《红玫瑰白玫瑰》、李少红导演的《红楼梦》等剧目的宣传物料均出自他之手。作为设计师，梁明毓在业界拥有极高的知名度，说他其时是设计界的一颗明星也毫不为过。

然而在成功的背后，是常人难以想象的压力。压力如茧，时间愈久，愈让人想破茧而出。那段日子，梁明毓拼命地想要逃离。在机缘巧合之下，他认识了自己的老师——中国佛学院研究生导师宗舜法师。慢下来，接受无常，止语修行，他开始重新思考生命的意义。

或许是冥冥间的命中注定，2012年年底，在为客户设计年终礼物时，梁明毓决定用佛教"七宝"之一的琉璃来设计。琉璃的通透纯净，一直是梁明毓所喜欢的。近些年来，琉璃多在博物馆的角落里默默诉说着自己的过去。在琉璃面前，梁明毓总感觉语言是多余的，看过琉璃之后，琉璃的气韵会在身体里、在行之所致的空气里久久萦绕。他希望用这澄澈透明的材质，反映自己的内心世界——一个干净的、纯粹的、虔诚的世界。虽然在此之前，他从未接触过琉璃工艺，但他还是愿意为自己的倾心之物做一次大胆的尝试。

万事开头难。在画琉璃设计稿时，梁明毓就遇到了创作上的瓶颈，最初他尝试画卡通人物，但结果不尽如人意。思来想去，唯有佛者本身最合适。改了无数次草图，耗时二十多天后，刚刚学佛的他从《药师琉璃光如来本愿功德经》中的经文"愿我来世，得菩提时，身如琉璃，内外明澈，净无瑕秽"里得到了灵感，设计出了他人生中第一件琉璃作品——《沐浴佛光》。此作品是一尊闭目仰面的打坐沙弥像，以敦煌莫高窟"阿难尊者"的面部形象为蓝本，周身线条简洁、干练、流畅，面部慈眉善目，形象对称简约，充满中国传统美学及禅学意蕴。梁明毓看着打坐的沙弥像，觉得它就是"闭门打坐安闲好"的另一个自己。他为作品配了颇具禅意的句子："是前世石窟里微笑的罗汉，是今生佛光中仰望的你我。是上千度高温淬炼的澄明，是彼此相见时的心意了然。"

凡是能打动自己的作品必能打动众人。这件作品问世后，在朋友圈里轰动一时，受欢迎程度远超梁明毓预料，身边许多朋友求而不得。一位京剧大师在见到佛像的那一刻，竟激动得当场落泪。提及往事，梁明毓深有感触地说："这是我与琉璃的缘分，可遇不可求。我想通过琉璃帮助人们觉醒，而佛像所带来的感动，是来自灵魂深处的共鸣。"

在他眼中，琉璃是关乎灵魂的材质。它有光、影、色，似是能透却又透不了，其内部变化万千。梁明毓的作品中透着明达和禅意，也裹挟着文人气质。他希望，不仅是佛像，在以后的每件作品中，都能让观者感受到这种直达内心的抚触。

画工笔出身的梁明毓，追求完美，讲究细节。可琉璃就是琉璃，不仅需要在 1000 ℃ 左右的高温下烧制而成，而且制作难度大，工序多达 20 多道，工艺更是要求苛刻，且每道工序都有许多变化因子。琉璃在工艺上，最难控制的是它的偶然性。这既成就了它的美，也为烧制制造了一重困境。琉璃在烧制的过程中容易产生气泡，若是有几种颜色混合烧制，它的颜色流动是不可控的。也就是说，一件完美的琉璃作品浑然天成，在烧制过程中流动的美是由老天说了算。一般情况下，出炉的成品率只有 70%。更关键的是，古法琉璃不可回收，不像金银制品，也就是说，一旦出现一点点问题，多少人的努力就立刻付诸东流。

"差不多有两年时间，我做琉璃就是一直往里扔钱，最落魄的时候身上仅剩 12 元钱。器之恒，唯致用。让我最难过的是人们对琉璃的认知还停留在礼品的阶段。"在一段时间里，梁明毓是靠设计费来维持自己的琉璃创作。对此，他坦言：
"我想艺术不是最高的表达，最高的表达是生命的体验。"琉璃
的独特之处，是打破了艺术、宗教和手艺的界限，更多的是来
自梁明毓的修行体验——用一颗空的心，与世界建立某种永恒
的精神联结。同时，可能也正是因为这一点，注定了琉璃要承
载厚重的文化，变成一种文化产品。

2016 年，梁明毓依靠自己的创作把琉璃重新带入了大众
的视野，他秉承中国传统文化的博大内涵，以扎实的艺术功底
和自己对东方美学的理解，创立了以自己名字命名的个人品牌
"梁明毓琉璃作品"。

手艺：古法琉璃，为茶清欢

尽管"沐浴佛光"奠定了梁明毓的行业地位，但人们真正
关注梁明毓则是因为他做的琉璃茶器。

早在学佛之前，梁明毓就已经成了一名茶人。和所有茶人
不同的是，他所用的茶器都是自己设计的。在茶人的眼中，观
茶汤色是一种美的享受，琉璃茶器如梦似幻般的朦胧美感，为
茶汤增添一份意境。他希望大家能从他的作品中感受到正能量
和中国美学。

琉璃是佛教"七宝"之一，为消病避邪之灵物。琉璃之净难掩其与生俱来的深邃灵意，其气质正好契合梁明毓的禅宗师父宗舜法师所提倡的禅茶三戒——戒浮夸、戒奢侈、戒庸俗，于是在琉璃茶器诞生后不久的柏林禅寺百人茶席上，梁明毓与他的琉璃茶器引来了不少的惊叹。梁明毓的琉璃，色泽通透、线条流畅，清茶入盏，光影穿梭，或金黄璀璨，或红润夺目，或碧色苍翠，一盏琉璃，一份恬淡，文人的气质，随着茶香飘飘然展开。以白色琉璃茶盏看茶汤一道一道的变化，由深变淡，仿佛印证了佛家讲的无常。宗舜法师见之心生欢喜，将其命名为"心如宝月映琉璃"。

琉璃茶杯素雅精致，光影流转间，茶汤予人内心安定的力量，令茶席之上人文茶道的王迎新老师爱不释手。观其作品即见其人，这样一位"身如琉璃，内外明澈"的匠人，于琉璃杯盏之中，探得明净初心，是她喜欢的。迎新老师和梁明毓亦师亦友的缘分也就此展开。

关于琉璃茶器，很难说是琉璃提升了茶汤的颜色，还是茶汤美化了琉璃茶具，一切都是如此相得益彰。就像他走近人文茶道，瞬间读懂迎新老师的"一茶一世界，茶中纳须弥"一样，他认为，"饮茶讲究心境，而心境会受到外界的影响。在中国人的审美观念里，物之为用不仅仅是实际使用。所以，在喝茶的时候，需要营造一种氛围，饮茶器物与整体环境便显得格外重要。这是茶道里的人文精神，会丰富我们的心灵和身体"。

梁明毓私下里称呼迎新老师为"女先生"，女先生迎新说话声音绵软，有诗词藏于心，举手投足间，有着"倚门回首，却把青梅嗅"的东方式优雅。他和迎新老师聊艺术，也聊人生，聊到最后发现，一个人最美的瞬间就是活成了自己想要的模样，不对生活和世俗妥协。梁明毓很庆幸自己在恰好的年纪，通过琉璃和茶找到了恰好的自己。

雅集：茶氲雅乐，无问风清

古人把扫室、焚香、读史、涤砚、观画、鼓琴、移榻、养花、酌酒、烹茗视为日常生活雅事，而品茗更是一日不可或缺。"吴门四家"之一文徵明常以唐代的卢仝自况，有诗云："解带禅房春日斜，曲阑供佛有名花。高情更在樽罍外，坐对清香荐一茶。"除点出茶妙于酒以外，更是描绘了一场参禅悟道的风雅之事——文人高士隐居山林，以品茶畅怀悦神，遣寂解忧；借茶事师法自然，道心天地。这样的风雅，在梁明毓心里得到了共鸣。他认为，这并不是一种单纯的生活样式，而是生命滋养心灵的一种方式。

　　在云端，在天上，在眉间，

　　在心田，在落花，在淤泥，

　　在空月，在菩提，兰香幽。

2021 年 6 月 19 日–20 日，一场名为"无问风清"的沉浸式茶事雅集在北京玉空间风雅布席。

关于这场茶事，梁明毓其实已经酝酿了许久。早在三年前，梁明毓在苏州本色美术馆组织"上巳花田"茶事雅集时，李玉刚先生就与其相约要共布一席茶，同享一段光阴。庚子年秋，他们组织策划了一场"玉毓生辉"的茶事雅集，茶与艺的浸入式完美结合，让人的心与之共振共鸣，在圈内一时传为美谈。庚子年冬，梁明毓应友人之邀，以"成都行歌"的美学之名，赋予文人雅集更精彩的演绎。

仲夏日，时清日长，熏风初入弦。梁明毓茶心又动，于是，便有了这次"无问风清"的雅集盛会。梁明毓策划导演的沉浸式茶事雅集，一直以来是茶人界里同修们的心之所向。而这一回，在本次雅集上，梁先生更是力邀茶界著名人士：人文茶道创始人王迎新女士、自慢堂主边正先生、绿雪芽联合创始人施丽君女士等，众多杰出茶人齐聚一堂。同时，更有昆曲、藏族乐团、箜篌、越剧、禅歌、大提琴、古筝、二胡等演奏艺术家共同参与，将茶事的清雅与各种不同的艺术形式相结合，使得茶事雅集打破了原有的舞台概念和观演习惯，将整个演出和观看空间营造出了一种包裹、浸没式的感觉，让观众在品茶的时候，其视觉、嗅觉、味觉、听觉被无限打开——品茗、观心、悟念，沉淀感官之清明，静享内心之宁和。

这场"无问风清"雅集活动，仿若一个文化容器，提供给人们满足精神和灵魂需求的空间。梁明毓作为整场茶事雅集的总导演，在与各位茶人、艺术家、行香师、侍花人、摄影师等等所有的参与者不断的沟通中，用理性和感性相互交织的方式，将现代文化中理性的设计理念与东方古典文化中寻求和谐的感性的心理融合到一场茶事雅集中，真正做到了"文化性"的表达。为了达到预期的效果，梁明毓煞费苦心，一再彩排，他说："从空间结构的布置、茶席的设计，再到艺术家的表演动线设计，必须有起承转合，这样才能营造出独特的节奏美感；同时，从服装、发饰、造型到音响、灯光、次序等等，必须经过反复推敲，才能凝聚起茶的东方神韵和诗意。"

一片茶叶，看起来是那样细小、纤弱，那样的无足轻重，却又是那样的包容而无畏。茶之内功，无喧嚣之形，无激扬之态，一盏浅注，清气馥郁。作家雪小禅为之释义曰："青松落色，只为活得似隐似仙。无问风清，且度每秒花晨月夕。"这不只是一场茶会，也不只是一场演出，它让茶文化更加丰富，让生活美学不再是高不可攀的名词，而是落地成为一种实际的生活方式。这是梁明毓对"回归式"东方文化理念的呼唤。全程参与其中的迎新老师为之点赞曰：茶可以是小我的，也可以是广博开放的；每一次茶会所呈现的外相和核心逐渐贴近，是成就一场东方生活美学茶事雅集的根本。

做琉璃和习茶有共性，都需要有一颗细致入微的心。择茶、择水、择火，凝神静气，止语行茶，心之所至，才会呈现一款好茶汤。当琉璃遇见茶，在东方美学的形与意中，表达的皆是中国人的语言和情感。它是梁明毓的独有修行。

对于未来，梁明毓更想踏踏实实地按照现有的琉璃系列，有质量、有品质地为人们呈现更多的美器，这也是他的理想。

一条河，这只脚踩下去，和另一只脚踩下去，水一定是不一样的。对于梁明毓而言，做琉璃和习茶，清神静心，默默然与世无争，皆是修行，但给人的力量完全不同，二者合一，滋养了他的身心。

人生如琉璃，有千万种可能。每一种可能，都需要付出努力。前行之路，必定会充满荆棘。指引你向前的，是你那琉璃般透明的心。

茶香里的
欢喜自在

汪满

安徽一空间文化艺术发展有限公司董事长

人文茶道研修者与践行者

　　文化，是一个地方最具辨识度的名片，也是世界观众最能
理解的语言。对于人文鼎盛的安徽来说，文化名片可谓是数不
胜数。身为茶的故乡，安徽的茶更是颇具盛名，从祁门红茶、
黄山毛峰、六安瓜片、太平猴魁到霍山黄芽，每款茶都是茶人
的心头好。茗茶之中，尤以靠着高扬的香气走出国门，并和印
度大吉岭、锡兰乌瓦并称为"世界三大高香红茶"的祁门红茶
为群芳之最。土耳其诗人希克梅特曾诗咏祁门红茶，"在中国
的茶香里，发现了春天的芬芳"。

　　提到祁门红茶，就不能不提安徽国润公司祁门红茶老厂，
它被中国文物学会、中国建筑学会评为"中国二十世纪建筑遗
产"，同时被誉为"活的茶文化博物馆"。受当年苏式工业建筑
风格的影响，这座充满年代感的祁门红茶老厂的外观简洁朴素，
不特意追求美学，但功能实用，充满建筑本体的质朴之美——
气势宏伟的工业机器生产线、制茶车间、老毛茶仓库以及二十

世纪五十年代拣茶女工的茶水亭子和建国初期的手工拣场，仍在正常运转着，依旧可以生产手工的祁门红茶。

老物件、老设备、老厂房，国润不仅仅是一家茶企，更多时候它是一种文化情怀。故宫博物院原院长单霁翔在《悠远的祁红——文化池州的茶故事》的首发式上说："中国二十世纪工业建筑遗产是中国建筑的保护对象，传承的是基础，更有来自文博艺术、文化旅游、工业遗产、历史人文诸方面创意的跨界融合。"

从十九世纪七十年代开创到二十世纪五十年代国家建厂，从贵池茶厂到今日国润祁红，祁门红茶薪火相传。变的，是光阴；不变的，是老手艺和味道。

2019 年 7 月 16 日，人文茶道春茶漂流纪红茶品鉴会在安徽国润公司祁门红茶老厂拉开帷幕。其时，高大的厂房里灯火通明，祁门红茶的玫瑰香与木质香未曾在往昔中消散，王迎新老师拿香槟杯盛了祁红仙针和云南古树红茶，并做了特别的调饮，热的祁红仙针茶汤冲淋在浸了蜂蜜的肉桂卷上，让茶汤的层次感尤为丰富；冷泡的古树红茶则微微调了蜜，加了剔透的冰块，红茶的含蓄、深沉瞬间被激发出来，让舌尖之上多了一重全新的体验。应了王迎新老师所说的，"中国茶道之美，在天地间，在不同的山川风物与人文情意里，在五千年的文脉中"。

这是一次红茶与茶道美学的品鉴盛宴，聚集了全国各地13个省市的同修们，品鉴会的格调既简朴沧桑又优雅深邃，令茶人们难忘。在活动中，王迎新老师特别感谢了一个人，这个人就是人文茶道春茶漂流纪池州站的站长汪满。

为了做好这件事，汪满在几个月前就开始在当地运筹联络，辛苦自不必说。

为什么一定要做这件事？汪满的回答是："人文茶道一直倡导的是借由茶达成对生命本真的思考，对文化和美学的传续，对善的体悟和践行。作为中国十大名茶之一的祁门红茶，文化和美学兼有，若是缺席这次红茶漂流纪的活动，于祁门红茶来说是遗憾，于人文茶道漂流纪来说也是缺憾。做这件事的初心不是为了应酬和交易，只是想和爱茶人一起静静地喝一杯中国茶。"

一直以来，关于生活，网上有个很知名的说法是：每一个你想改变的念头，都是未来发出的邀请函。简而言之，就是想让自己的生活变得丰富美好，前提是要付诸行动。汪满是执行力特别强的人，凡事想到就要做到，他相信，自己坚持的有趣之事，不仅会为人生添彩，更可以创造美好的未来。同时，把自己活成理想的样子，就会遇上理想的人。

生活忙碌，唯茶静心

红茶，作为一种浓郁、温暖的茶，其茶性温和、不寒不热，给人以活色生香的感受。品红茶之趣，在于茶的色、香、形、味，在于品茶的环境、心境和茶友。人文茶道所倡导的率真、天然的茶美学，在国润老厂茶水小亭的雅致茶会中演绎得淋漓尽致。国润祁红为人文茶道准备的这次红茶品鉴会，不仅是因为有茶，同样是因为有这些爱茶之人。一次相聚，一杯茶，相谈甚欢。

其实，出生在"绿茶之乡"安徽宣城的汪满，很早就与茶结下了不解之缘。只不过，那时他对茶的认识不多，仅仅以为茶是喝的饮品。大学毕业后，汪满一直在机关工作，体制内的工作严肃、紧张、单调，他很少有机会去喜茶、识茶、品茶。很多时候，忙碌是他身上唯一的标签，用汪满自己的话来说就是"整天忙碌，无法静心"。他感觉自己失去了生活，也忘了自己原本该有的生活。但他知道，人生还有一些东西，比工作更重要，更值得珍惜。

近不惑之年，经慎重考虑，汪满做出了一个大胆的决定——脱离体制，放弃公职，把一切归零。体制内的人和事渐渐淡出生活圈，意味着有了大把属于自己的时间，他重新走近了茶。当时，每每有人在他身边谈起一款好茶，都会令他眼前一亮。在爱茶人的眼里，每种茶都有极品，而喜欢哪个茶类，要看个人的喜好，也会掺入品茶时刻的心情。不同的茶，在不同时刻带给汪满不同的感受和理解。起初，他对茶的了解并不深，只是按照品牌、价格和包装等外在条件选择，因此在买茶时花了许多冤枉钱，直到后来遇到了王迎新老师，他的习茶之路才豁然开朗。

尘世碌碌，佛音慈悲。譬如甘露，点滴清凉。茶亦是人间甘露，涤尘润心。汪满第一次和王迎新老师见面是在九华山甘露寺，那是一次"九华清境，甘露蕴茶"的研学活动，一切以人为本，以茶汤为媒介。在活动中，汪满第一次系统学习了起炭煎茶的古风茶事、寺院茶事的仪轨与历史、人文茶道至专至简的行茶手法，也深刻体味了中国人文传统审美与山水的关联、古寺中茶事清心的境界。王迎新老师说茶是与世界沟通、与他人交流的媒介，茶席是其间的桥梁。它无形，却时时刻刻融于我们事茶的一点一滴里，融于茶人的举手投足间。这席话令汪满有拨雾见云的认同感，并一直铭记于心。

蔼蔼青山，暮鼓晨钟，为了一席茶，大家抛开一切，相聚在一起，享受着天地之间的静美。这些寻觅已久的茶人茶事就这样不打招呼地走进汪满的生活，让他有沉浸式的心醉。这种心醉，让他步履不停地走到现在。回首甘露寺研学之旅，他说："如果自己是一款茶，人文茶道便是承载我的器；水是茶之母，迎新老师及同修们组成的"移动的茶席"便是泡我这款茶的水。喝茶，能使我放慢脚步，静下心来，与自己独处，使我走进内心，发现自己、了解自己、提升自己。茶是有能量的，在茶中你能兼顾生活与工作，这些都是别的行业给予不了你的。"

曾经每日忙碌却不知为何忙碌的汪满，终于在茶中找到了自己，寻回了自己该有的生活，获得了丢失已久的幸福感。

借茶修为，欢喜自在

每一片茶叶的浮沉，都是一种缘定。茶须静品，而酒则要热闹。茶之为物，总能引领我们进入一个默想的人生境界。

都说"物以载情"，习茶是汪满思想和情感的体现，双手就是表达他内心的载体，用平静的心态去待茶，自己也会在其中得到成长。汪满坦言，当他准备把茶当作工作之外的副业时，并没有考虑很周全，只剩下一腔热爱，他说："就想好好喝茶，没有更多理由。"

从如今的发展来看，汪满觉得自己得到的远远超过了预期，他追求简单的美好，而不是为了做茶而喝茶。这种简单的美好如日本茶道大师千利休所言："先把水烧开，再加进茶叶，然后用适当的方式喝茶，那就是你所需要知道的一切。除此之外，茶一无所有。"纵然茶有许多学问，你触碰它的那一刻，便只是一串简单的动作、一种干净的态度，覆盖了所有规规矩矩的学问与知识。茶的最高境界不过如此，不过是你的起点，不过是物我两忘，这和人文茶道的和、静、怡、真的精神不谋而合。

喝茶是一件令人身心愉悦的事情，汪满认为"三人行，必有我师焉"，尽管一个人喝茶也能感受到那种静谧和舒适，但总觉得缺少点什么，没有了三五个人一起喝茶的那种氛围。以茶会友，结交趣味相投的朋友。懂茶、爱茶的人，品行相似，自然会互相吸引。一杯茶水，平静柔和，却有着澄净心灵的力量。

你有一款好茶，我有一款好茶，彼此交换，每人就能品到两种茶；你有一种思想，我有一种思想，我们彼此交换，每人就有两种思想。有句话这样说："酒越喝越糊涂，茶越喝越清醒。"以茶待客，让交谈更融洽。无论是谈合作，还是约好友叙旧，点起一支沉香，泡一壶茶，立刻有了融洽的氛围。汪满说："现在，我们公司接待客户、举办小型商务活动都是以茶待客，品茶论事是工作常态。从这个角度来说，我把茶分享给他们，从一人到多人，不仅分享喝茶的过程，也是一个海阔天空的交谈过程，在分享中，不仅能顺利谈公事，而且收获了诸多快乐。"

茶是自由随心的，不在唇，不在齿，装进任何形状的杯子中都能安然，这是茶的本质，也应该是生活本来的样子。现在，在汪满的公司里，每间办公室都配备有一套茶具，他说这既是礼仪，也是工作和生活的一部分。

美心修德，推广茶道

有人曾说过："如果把爱好变成职业，那么自己的爱好会变质，会失去爱好中的美好。"但汪满用事实证明，他对茶的热爱非但没有变质，甚至爱茶的心愈发深沉。他说："我希望能一直抱着积极学习的态度，了解更多茶人同修们别样精彩的茶席、行茶手法及呈现方式，让自己对茶的认知和茶道美学的修养能得到更大的提升。"

关于传扬人文茶道，汪满没有浮言虚论，而是脚踏实地做一些力所能及的事。一直以来，他都在传承推广中国茶文化的路上。

　　师言成茶之味者，茶、水、火、境、器、人，而人造之，美之，赏之，才有成人之美。有人，才有美。因茶结缘、以缘交友、以友辅仁。今年秋天，汪满计划在安徽池州建一座书院——一空间茶书院，旨在通过读书和茶事活动，用自己所学的知识和积累的资源为爱茶人提供学习与展示才艺的舞台，同时也把这里作为人文茶道在池州的推广传播基地，希望和同道中人通过沏茶、赏茶、闻茶、饮茶，增进友谊，美心修德，学习礼法，以茶修身。成茶味之美，悟道于茶味，他认为茶的芬芳品味，能使人宁和宁静、趣味无穷。

　　"坐酌泠泠水，看煎瑟瑟尘。无由持一碗，寄与爱茶人。"汪满爱茶，简单纯粹，也乐享其间。现在的他只要有空，便会依照人文茶道的布席六要：佳境、吉时、清友、真茶、量器、初心，给自己设一席茶。一盏在握，端坐也好，沉思也罢，静观杯中沉浮，身心总会有清风拂修竹的惬意。喝得久了，看得长了，嗅觉、视觉、听觉自然也被打开，此时茶不再直接作用于茶汤，而是给人更多身心上的愉悦。徜徉其中，也品出了不一样的人生况味。汪满说："茶不能语最动人，不同的人泡同一款茶，能泡出千般滋味，为什么？我觉得每个茶人泡的不是茶，而是自己内心的独白。"

　　在人文茶道修习与践行的过程中，汪满说，他终于找到心灵回归的路。

如果说"茶如其人"的话，汪满说已步入不惑之年的自己应该是祁门红茶——条索紧细修长、金毫显露，色泽乌黑油润，香气独特，酷似兰花香，又蕴藏有蜜糖香，味中有香，香中带甜，回味隽永，汤色红艳，叶底嫩软红亮。没有了少年青涩气的祁门红茶沉稳厚实，多了君子的品性，它不会激情迸发，但杯底的那份宁静淡泊可以持续久远。人生如寄，苦和香都是一种过程，舒展和释放才是追求的目标。"客至则煎，客去则榻"，茶中品人生，求一个自然，得一个大自在，何乐而不为？

茶人生活原本美好，
它呈现是因为你选择了它

白丁

国家茶艺高级技师
吾乡茶事主理人
人文茶道践行与研修者

天地有大美而不言，四时有明法而不议，万物有成理而不说。

茶里有了天地万物，总让人心生欢喜。

茶在茫茫戈壁滩上与雪不期而遇，绽放出敦煌石窟佛前最淡定的微笑。它和寂寂行走的茶人，彼此不语，却彼此懂得。那种懂得是一种心领神会，它在茶人的心底兀自绽放，如黄昏里暗香浮动的梅花，在若隐若现间，凝成一幅诗意的画。

王迎新老师在《敦煌纪行》里深情地描述道："敦煌的初雪在期待之中，又在意料之外。一夜间，沙丘上金黄的沙砾白了头，起伏成雾白的线条。第二日清晨的阳光抚过，莫高窟前沙丘的雪渐渐融化。茶会开始的时候，天空渐成青金石古旧后的雾蓝，沙砾干燥松软。安坐着佛的九层楼在前，曾经出没过青鸟的三危山在身后，微风在沙丘上梳理出涟漪。捧起流沙装进沙漏，一粒粒淌下的是千年的光阴……"

这是 2018 年发生在初冬人文茶道敦煌游学茶会上的一幕。这一幕茶与敦煌、雪的相遇，如梦如幻，成为很多茶人心底里永恒而神圣的记忆。

白丁忆及茶会，至今历历在目，她说，在敦煌的鸣沙山、月牙泉，无论是人还是茶，相得益彰的好，莫名其妙的好。彼时，再读迎新老师所写的"借由茶，独与天地精神之往来，领会山川万物之美，体悟神游物外的酣畅淋漓"。突然有了豁然开朗的感觉，隐藏在心里面的密室被开启。

人文茶道，不仅有敦煌研学路上的艺术之美，更在于它最直接地呈现了自然界毫无修饰和遮挡的生命状态。白丁认为，那是茶人美的开始，是力量的源头。安然行走，格物致知，行茶若是，莲花自开。

茶缘， 等待千年终重逢的故人

呜——一声汽笛长鸣，唤醒了沉睡的金沙江，也悄悄拨开了长江的晨雾，云南北大门、"万里长江第一港"水富开始了繁忙的一天，随着进港出港的船只，水富人一天的生活也就此开始。

　　水富，一个水系丰富的城市。它是古代南方丝绸之路上出川入滇的第一站，从自然地理上来说，有两条河流是至关重要的，一条当然就是金沙江，另一条则是从大关流过来的横江。

　　白丁是土生土长的水富人，一直过着水一样滋润的生活：每天穿城而过，上班，下班。银行白领的工作，稳定而清闲，一张报纸一杯茶，春夏秋冬，一日复一日。与别人不同的是，她喝的茶，一直是滇青。滇青，算是云南有悠久历史的茶叶，一般采用大叶种茶树的鲜叶，经过杀青、揉捻工艺后，晒干而成。白丁说，历史上的滇青按季节命名，有春尖、春中、春尾、二水和谷花等种类。现代的滇青则是晒青毛茶未经过后熟阶段直接筛制而成，分为春蕊、春芽、春尖、甲配、乙配、丙配和春玉等花色等级，是云南绿茶中别具一格的口粮茶。白丁说，她喜欢滇青茶的原因，除了因为喜欢它有经久耐泡的特点外，还觉得它清新甘润的口感像二十几岁的自己，青春有活力，始终保持内心的清宁。清宁如滇青一般的她，从未放弃自我成长的脚步，1996—2005 年，白丁自考了经济师等十几个专业证书。厚厚的一摞证书，是她不负青春不负己的明证，让身边同龄人频频为她竖起大拇指。

　　生活如水，她如茶，初展颜的时候，甘润在心，但浮浮沉沉间，茶总有乏了淡了的时候。像很多女人一样，白丁说，有了家庭之后，生活总会有些变化，她婚后有相当长一段时间就徘徊在孩子和工作之间。每天晚上忙到十点孩子睡了，她才能有一点点自己的时间。她说那时的自己像条一天到晚游泳的鱼，鱼真孤独啊，又累又孤独，但是它不需要倾诉，也不需要大众的安慰。它悠然吐泡泡的时候，如她安然地守着一盏给自己泡的茶，她在自己的时空里，独享日月山川、风轻云淡。凉凉的古琴曲《秋风辞》听得人要流泪，茶水在唇齿之间进行动人的交谈，心事在袅袅的柏子香中弥散。

白丁说自己喝的茶不多，也就是普洱和滇青，但每次凝视它们，都有着故人般的亲切感，好像彼此等了千百年，终于重逢。周国平先生在《风中的纸屑》中写道，世上有味之事，包括诗、酒、哲学、爱情，往往无用。吟无用之诗、醉无用之酒、读无用之书、钟无用之情、终于成一无用之人，却因此活得有滋有味。为了活得有滋有味，拓宽自己的生活圈，白丁决定把爱茶的梦想变成现实——开一间自己的茶馆，面积不必很大，容得下聊茶的三五知己就好。

访茶， 茶的故事藏在不同风味的茶汤当中

柴米油盐酱醋茶，一日三餐，日复一日，平平淡淡，这是

大部分人一生的生活。其实在世俗之外，每个人心中都该有一片属于自己的清雅净土。白丁说她一直在探索，探索一条成人达己的路。她骨子里对认准的事儿，有不达目的不罢休的探索精神，喜欢尝试新生事物，而她的"陈香阁茶馆"便是这种探索的体现，它是开给真正懂生活的人的，因为这样的人必能兼顾诗意与烟火：工作中，挑战自我，勇于打拼；闲暇时，懂得回归自我，安顿内心的兵荒马乱。

白丁说，"神农尝百草"让茶叶以最寻常的方式走进我们的生活，我们应该让它以质朴的形式回归到舌尖。我们很多时候在自然之中探寻茶的生活方式，也是探寻着人的生存之道。

因为深知一片茶叶的味道，便是人生的味道，白丁对茶一直怀着敬畏之心，在寻茶之路上，她一直走得执着而深情……

每年早春二三月，白丁都会如约在料峭春寒中探访茶山上刚冒出头的嫩芽，看它们如何抖擞积蓄了一冬的精神，然后作为一片新茶开启自己不平凡的一生。白丁说："通常新茶采回来后，要进行摊晾，看着那些新茶杀青后被平铺在太阳光下晾晒，然后叶片上的水分一点点挥发掉，只剩下阳光的味道填满叶脉。那个过程是让人心生愉悦的。茶席之上，我每次打开一饼普洱茶，看着叶片带着阳光、雨露的气息在杯里沉浮，都会觉得是跟心中的岁月在对话，仓促的青春在时间堆积里凝聚出醇厚，历经的磨砺在阳光下散发出甘甜，最终都在一场水火交融后呈现。"

出生在云南，白丁对普洱茶有着独特的感情。她为茶馆取名"陈香阁"，更是源于普洱越陈越香的特点。云南十里不同天的独特气候，成就了普洱茶"一山一味"的特点，"勐海苦，临沧涩，思茅淡，易武柔"，白丁说每一个山头的古树茶都有它独特的韵味，这韵味是茶山讲述给你听的故事——生普，饼面圆润，条索紧结，银毫显露，冲泡出汤，茶香高扬，是清爽自然的山野气息，它讲给你的故事是原生态的、不加修饰的；熟普，叶底肥厚，滋味甘醇，茶汤饱满，茶气能长时间在唇齿间回荡，此时你喝的不是茶，是光阴的味道，心中的往事总是被温柔地提起又放下。

对于爱茶人来说，茶的故事藏在不同风味的茶汤当中。饮茶，当是一场世俗生活里的心灵修行。

饮茶，每一分钟都过得缓慢而喜悦

在城市中，人与茶如何相处，是白丁一直在探讨的事情。在她的"陈香阁"里，目之所及都是所爱——来自不同山头的各种普洱茶以及茶器。她认为，茶空间与人相同，都应该有自己的气质与磁场。来"陈香阁"的人和白丁一样，皆为爱茶、爱生活之人。他们多由茶友介绍而来，有着相同的爱好。

"上班族"筱洁是"陈香阁"的常客，她坦言："'陈香阁'就在我上班的路上，我每天下班后都会去坐坐。我是急性子，阁主是慢性子。不过，就算再急、再冒火，走进茶坊，心就平静了。阁主缓缓递过来的一杯茶以及眉宇间的温婉友好，顿时让我的心静下来了。"

除了都市白领，"陈香阁"还吸引了一个特别的群体——陪读妈妈。这群女人的生活很单一，每日围着孩子的一日三餐在忙碌，但忙碌到最后，当孩子离你越来越远，陪读妈妈比任何人都需要一个空间来安顿身心。走进"陈香阁"，她们的生活里有了被仰望、被需要的地方，人也开始有了光彩：因为白丁不仅教她们识茶，品茶，更教给她们"独立、谦逊、博闻、包容"之人文茶道品格。在白丁的引领下，她们吟诗作画、研习古琴，灵魂丰盛，所遇皆美好。

每个来过"陈香阁"的人，来了都不想走，因为在这里发呆、饮茶、闲聊，时间流逝得很快，但时光因被白丁精致对待，每一分钟又都过得缓慢而喜悦。白丁相信，无论哪种生活，茶的出现都不会让你觉得违和，它永远能在生活场景中帮你找到最适宜的角色，带来最美好的体验。

茶事， 让人不断在天地间体会茶与生命的意义

每日和茶轻触，白丁的心里装满了因茶而产生的快乐，她情不自禁地把这些分享给了"陈香阁"的茶友们。茶友们听得多了，便有了求知若渴的愿望——希望白丁给他们上系统的茶课。一切都像是水到渠成，"陈香阁"在 2011 年有了固定的茶课分享时间，受到了众多茶友的支持和好评。

白丁的第一次大型茶课，是给四川宜宾的一个茶友的公司做的，参加者有近百人。她说："刚上台讲的时候非常紧张，手心都是汗，但茶给了我坚定的力量，这神奇的力量让我从茶的历史讲到茶的分类和冲泡，以及茶席的布置，几乎一气呵成。"台下的掌声响起来时，白丁有了茶人的自豪感。她想，这就是自己一路追随茶道的原因。她相信坚持之后，未来必有惊喜。

也正是这次茶课活动，给白丁带来了巨大的触动，也给她留下了进一步思考的空间：我有多了解茶？茶人除了分享茶，还能做些什么有意义的事？

因缘际会，她偶然认识了王迎新老师。如云盘发、轻言慢语的王老师，是白丁心里有"士"的精神的人。古代的"士"视野开阔，思想开明，有格局，对天地、人类和自然保持悲悯

之心。十几年，王老师带领茶人走遍山山水水，从敦煌、青城山、终南山、太行山、九华山到云南各大茶山，同时，博学的茶人品格让她不断从美术、摄影、书法、音乐、陶瓷、雕塑等艺术门类中拓展茶道美学的广义范畴。王老师深信，中华之茶人是具有人文大爱、实践精神、独特审美能力和丰富创造力的族群，这样的茶人理念让白丁产生了深刻的认同感。在独与天地精神相往来的习茶路上，她不断在天地间体会茶与生命的意义。

2019 年，白丁从水富来到成都，将一种且坐且吃茶的生活姿态带到了这座安逸之城，同时开始另一场茶的旅行和人生修行。她将自己的茶美学空间取名为"吾乡茶事"，语出自苏东坡的词《定风波·南海归赠王定国侍人寓娘》："常羡人间琢玉郎。天教分付点酥娘。尽道清歌传皓齿。风起。雪飞炎海变清凉。万里归来颜愈少。微笑。笑时犹带岭梅香。试问岭南应不好？却道：此心安处是吾乡。"白丁说："茶是安静的事物，但它有滋养人心的力量。你在喝茶的那一刹那，茶的汤色、滋味与香气，构成了一种感觉，它包罗万千韵味。深入细致地品茶，亦如品味漫漫人生，在这个过程中，茶与心境相生，亦相安。"

茶让白丁执着地在巴蜀大地上寻找与研究茶道的人文文化。史料记载巴蜀之地是世界上最早利用、饮用茶的地区，茶文化历史悠久，陶瓷文化也很丰富，别具特色。位于四川省邛崃境内的邛窑，是中国最古老的民窑之一，也是中国彩绘瓷的发源地，以青釉、青釉褐斑、青釉褐绿斑和彩绘瓷为主，创烧于东晋，成熟于南朝，盛于唐，衰于宋朝，时间跨度约800年，器物有各种盘、碗、罐等日用器皿，其中以丰富的小瓷俑最为生动形象，其创烧的陶瓷省油灯独具匠心，堪称古代"黑科技"。

据四川雅安的《荥经县志》记载：战国后期，秦灭蜀（公元前329年），秦国从陕北地区（上郡）迁来大批猃狁族人，与本地人一起，修筑了一条从临邛（今邛崃市）到这儿的大道——严道。

公元前312年，秦惠文王异母弟樗里疾战功显赫，惠文王把富庶的严道封给他，并设置了严道县，治所就在今古城坪。古城村多黏土，早在2000多年前就有砂器生产。茶叶始祖吴理真本来就是严道人氏。严道治所初始在古城坪，古城坪的砂器是当时严道辖区内的主要生活用具。吴理真在蒙山植茶采茶，自然要用到家乡的茶具了，而砂器正好解决了吴理真用什么茶具来烹茶的问题。通过查阅史料，白丁不禁联想到当地的茶饮古风，在唐、宋或者不同的朝代，砂器是如何参与人们的生活的？我们今天的茶事活动又如何与其融合？2021年，人文茶道春茶漂流纪活动以黑茶为主题，四川成都站由白丁负责，她的第一个想法就是，发掘出一个地方的茶事文化中横向、纵向的人文细节或许更有意义，而以虔诚心、平常心为茶择水、择器、择物，甚至择时、择地、择友，才是对待一杯茶最好的方式。迎新老师在人文茶道传习馆曾经复原过唐代的银茶釜等诸多古茶器，用于让大家更深入地体验历史上的茶事。于是，白丁找到荥经黑砂的制作人叶老师，请他按历史记载用荥经黑砂复原了唐代的釜、风炉等茶器物，并应用到茶事活动中。这一大胆的创举，让陆羽笔下的诸多茶器在茶席上活起来，在得到同修们认可的同时，也为人文茶道写下了具有特殊意义的一笔。

习茶数十年，白丁却觉得她的茶之路才刚刚开始，茶文化的博大精深，让她心醉。她不断地往前走，不是为了抵达目的地，而是为了这一路的好风景；她努力前行，不是为了尽快到达终点，而是要在终点到来前，成就自己。

白丁说在她喝过的茶里，最爱的还是普洱，因为它醇厚、绵长，俱是光阴之味，其味只能"悠然心会，妙处难与君说"。试想，在初雪的冬日午后，三五知已瀹一壶陈年普洱，古琴悠悠，岂不快哉？那是唐人陆龟蒙"闲来松间坐，看煮松上雪"的惬意与洒然啊。茶人生活原本美好，它呈现是因为你选择了它。

不到园林里喝上一盏茶，

怎知春色如许

海棠

苏州虎丘山风景名胜区管理处美工

人文茶道研修者与践行者

一入春，苏州就美回了姑苏。

大隐于市的苏州园林，春水嵌映素梅香影，美到风骨脱俗。此时的虎丘后山茶园萌动，玉兰绽放，这分明是春的帷幕缓缓开启。

"袅晴丝吹来闲庭院，摇漾春如线。"

杜丽娘一往而深的传奇，便从一句妙喉婉转、吴侬软语"不到园林，怎知春色如许"开始。不走进幽远朴雅的园林，如何能读懂汤显祖《牡丹亭》的神韵？不穿越历史与文化的樊篱，也不会有对园林的惊鸿一瞥。

园林是什么？是小桥流水，杨柳依依；是云霞翠轩，黛瓦粉墙；是亭台楼榭，落英缤纷；是山水植物恰到好处，是方寸间另有乾坤。

园林，是中国人的精神花园。

园林，更是茶人海棠诗意的工作之地。

苏州有女，名曰海棠

我认识海棠，始于 2016 年编辑《山水柏舟一席茶》这本书，书中的茶会不时出现海棠的名字。我当即在心里认定，这是一个如花的女子。

"海棠"二字，每念及便会想起名人王象晋在《群芳谱·花谱》中对它的描述："其花甚丰，其叶甚茂，其枝甚柔，望之绰约如处女，非若他花冶容不正者可比。盖色之美者，惟海棠，视之如浅绛，外英英数点，如深胭脂，此诗家所以难为状也。"

历代文人多有脍炙人口的诗句是赞赏海棠的。陆游诗云："猩红鹦绿极天巧，叠萼重跗眩朝日。"此句说的是海棠花鲜艳的色彩及繁茂的花朵，简直可以与朝日争辉。陈思则把海棠和牡丹、梅花并肩而论，谓之曰："世之花卉，种类不一，或以色而艳，或以香而妍，是皆钟天地之秀，为人所钦羡也。梅花占于春前，牡丹殿于春后，骚人墨客特注意焉，独海棠一种，风姿艳质固不在二花下。"而海棠自己最喜欢的是李清照的《如梦令》："昨夜雨疏风骤，浓睡不消残酒。试问卷帘人，却道海棠依旧。知否，知否？应是绿肥红瘦。"

美名关乎一个人，则名副其实。这个叫海棠的苏州女子，左手园林，右手茶道，集传统与典雅为一身，十几年如一日，为了园林间的一盏茶，一直行走在一条超凡脱俗的美学之路上，且乐此不疲。对此，她说："海棠无香，年年春放。守一份初心，默默做自己喜欢的事就好。"

海棠本名乔臻茜，从园林学校毕业后就一直在虎丘山景区工作，一部虎丘史就是姑苏城 2500 年岁月的浓缩，"到苏州不游虎丘，乃憾事也！"这是苏轼对虎丘的赞叹，虎丘位于苏州城西北郊，相传春秋时期，吴王夫差葬其父阖闾于此，葬后三日，有白虎踞其上，故名。《吴地记》则载，"虎丘山绝岩纵壑，茂林深篁，为江左丘壑之表"，风壑云泉，景象万千，素有"吴中第一名胜"之誉。

海棠一直以能在虎丘园林工作为荣耀。中国园林艺术作为民族精神与文化的一种载体，蕴含着中华民族的人文美学理想，并以东方文化精神的独特性与辉煌的艺术成就让世界瞩目。如何让更多的人赏苏州园林之美，并能识其所蕴含的中国传统文化？多年以来，海棠借由一盏人文茶，一直在执着探寻着。

园林能清耳目，茶境可安心神

中国的茶文化源远流长，在历经了唐煮、宋点的繁复之后，终在明朝年间，恢复了返璞归真、大道至简的状态。"独啜曰神，二客曰胜，三四曰趣，五六曰泛，七八曰施。"或是独饮成趣，或是邀友人二三，品茶、论道、谈诗，共襄雅集盛事。

在海棠看来，雅集活动中的园林品茗看似简洁，实则匠心独具。如明人品饮讲究"十三宜"：无事、佳客、幽坐、吟咏、挥翰、徜徉、睡起、宿醒、清供、精舍、会心、赏鉴、文僮。这种于园林间品茶论道的妙趣，海棠每读之都心向往之。能不能将之复兴呢？这是她一直在想的事。

园林，是"咫尺之内再造乾坤"；茶，是文化意蕴深厚的"文人写意山水园"。园林与茶，前者是立体的画，后者是无声的诗，它们在气息上是一脉相承的——园林能清耳目，茶境可安心神，内有笔床茶灶，外有好鸟鸣时。如果在园林中做一场茶会，如在品诗，又如在赏画。于是，一个大胆的想法在海棠心中萌发了。

2018年4月18日上午9时45分，一阵悠扬的箫声在虎丘景区最热闹的景点"千人石"处响起，正当游客侧耳倾听之时，分散在千人石四周的百名茶人，旋即拎着茶箱款步向千人石聚集。他们有序地席地而坐，打开茶箱，取出茶具、茶叶、茶宠等，开始泡茶品茗，整个过程一气呵成，赏心悦目，再配上焚香、抚琴和10位艺人吹箫助兴，他们闲适悠然的样子吸引了众多游客围观拍照。这场时长8分钟的"百名茶人快闪活动"，是快闪艺术首次亮相园林景区，其活动组织策划者便是海棠。"园林的园艺之美和人文之美，不止于诗意，它是可以对抗时间的保鲜剂，有一种特别的磁场。我们将一场'百名茶人快闪活动'置于这枚时间的胶囊中，以具有东方美学特质的茶注入，除了给茶文化爱好者以不一样的人文茶道体验外，也是以茶连接东方文化，这是对园林艺术的保护，亦是精神的传承。"谈及这次影响颇大的活动，海棠如是说。

太爱园林了，海棠之后又在冷香阁做了梅花茶会。她一直觉得，苏州之所以被称为"人间天堂"，是因为虎丘那暗香疏影的十里梅花，它们惊艳了时光，温柔了岁月。宋人姜夔在《暗香·旧时月色》写道："旧时月色，算几番照我，梅边吹笛。唤起玉人，不管清寒与攀摘。何逊而今渐老，都忘却春风词笔。但怪得竹外疏花，香冷入瑶席。"

海棠说，1919 年，一代宗师金松岑在虎丘植梅建阁，取名"冷香阁"。历史上，在冷香阁曾举办过两次盛大的雅集，被称为"冷香阁雅集第一图"的《探梅图》和堪称冷香阁镇阁之宝的《苏州虎丘冷香阁雅集第二图》均在此完成。园林和绘画是中华艺术的两大瑰宝，两者相辅相成，都蕴含着浓厚的中国传统思想和文化内涵。2019 年正值冷香阁落成百年，她以此为契机，精心策划了"冷香阁落成百年纪念暨园林美工画园林美术展"。

在展览活动中，除了书画作品，海棠的梅花主题人文茶会无疑成了一大亮点。"一月，冷香阁的三百株梅花开得正好，梅花的香是冷冷且远远的，你鼻子嗅嗅，花香似有若无，你往前走几步，那花香却缠绕住你，一直香到骨头里。"海棠懂梅花、爱梅花，她说陆游一生爱梅成痴，视梅花为知己，一生为梅作诗一百余首，每一首都饱含深情，自己尤爱那首《卜算子·咏梅》："驿外断桥边，寂寞开无主。已是黄昏独自愁，更著风和雨。无意苦争春，一任群芳妒。零落成泥碾作尘，只有香如故。"

据此，在梅花茶会上，海棠精心设计了梅瓶插腊梅、梅花窨云岩、梅色入茶点。"梅花香里钟声，潭水光中塔影。"这一席茶，借的是横瘦疏斜的梅之楚楚动人韵，却让一场茶事活动平添了清雅的诗意。海棠认为，园林茶会的精神会直接抵达人的内心深处，使文人在品饮时与外部环境融为一体，终至畅怀尽兴。最重要的是，园林茶会也安放了众生疲惫的身心。

归心，到达茶汤最美的核心

除了策划园林茶会，海棠还热衷于参加人文茶道的"春茶漂流活动"，这是迎新老师于2018年发起的公益品鉴活动。活动除了结合人文茶道的"十四鉴茶法"，为六大茶类的冲泡提供视觉享受与思考外，还将音乐、美术、书法、插花、手工等元素有机融入。这种活动让海棠上瘾，甚至产生惊喜。

2019 年，在苏州"燕如初生活美学"茶空间的春茶漂流茶会上，她为茶席取名为"归心"，意为生活忙碌，回归初心，回归草木间，回归出发地，简单即是美好。茶席理念是简单布席、简单品茶。无心插柳柳成荫，茶会伊始，她几乎不敢相信自己的眼睛——本色桌面上有苔藓、假山、水流，有山有水有绿色，茶香就这么顺着大自然的美好，从昆明一水间人文茶道传习馆一路漂来，真正切合迎新老师的茶人姿态——山水柏舟一席茶。品茗杯用琉璃盏，整个席面布置简单清新，无一多余，海棠坐在茶桌旁，暑意全无，恍然中感觉自己走进了绿意盎然的茶园中……巴赫无伴奏大提琴组曲悠然而起，伴随着香席上冉冉的沉香气息，让人刹那惊心。

最惊人之处，在于品鉴的过程。那是专属于茶人的愉悦盛放——你可以从一水间的红玉、经典 58、南京来的野生红茶，品到安化野茶、苏州的 320 碧螺红茶。一方山水养一叶茶，各款茶品不间断轮流出汤：红玉的温润且厚实、安化野茶的狂野与初相、碧螺红的绵柔与稠滑……一杯接一杯地品饮，幸福极了，似一个人陷入爱中，眼神里流露的都是温柔，品至最后，完全不管不顾了——眼里是茶，心里是茶，茶的一切左右你的视线，你却甘心带着赴汤蹈火的决心去靠近。此时不谈悲喜，只闻茶香，说一个字都显得多余，就这样痴情地与茶缠绵吧！放下茶杯，你听到的是自己心底如花绽放的悦耳声音。

多美啊，这一场相约！多香呀，这一场茶会！每次茶会结束，大家都这样感叹着，不愿离开。海棠觉得茶会的真正意义就在这里，看似简单，却有着滋养人心的力量，如迎新老师在《人文茶席》中所写："经由外相，我们到达内核，到达茶汤最美的核心。没有茶席，我们一样可以喝茶；有了茶席，我们给茶更细致、体贴的关照，其实是在关爱我们自己偶尔浮动的心性。仪式感有的时候会让我们更尊重事物、尊重茶，从而尊重自己。"

108 座园林做 108 场茶会

一直以来，海棠是个对茶文化敏感度很高的人，在苏州园林四季的变化与光影迁移间，她为自己喜欢的这盏茶寻找到了自己擅长与喜欢的风格，并融入了自己的性格与情感。不知不觉间，她的茶美学已由幽人会晤开始过渡到了浮生日用。春来，玉兰花开得深情又热烈，风至，硕大的花瓣伸手可及。一瓣，两瓣……海棠捡拾花瓣，洗净，挂上鸡蛋面糊，便成了一道茶席上的华食——玉兰花片。四月的海棠花，暗香疏影，惹人流连，"几经夜雨香犹在，染尽胭脂画不成"，海棠对它最是情有独钟，总要折几枝放在茶席之上。掉落的花瓣粉里透着红，不舍得扔，便蒸上一锅青豆胡萝卜咸肉饭，撒上几片海棠花瓣，美其名曰"春饭"。每次做春饭，海棠都觉得自己像《浮生六记》里的芸娘，沈复家道中落，生活贫困，喜欢饮酒，吃菜不多，芸娘为他准备了一个梅花盒，"用二寸白磁深碟六只，中置一只，外置五只，用灰漆就，其形如梅花"，白磁与灰漆相映，衬出梅花盒的雅洁韵致，赏心悦目。杯中盛菜不多，吃完可随时添加，俭省不浪费，做到了观赏与实用兼得。

在海棠眼里，人文茶道的美在于生活，园林也好，书画也好，都是为其服务的。你在一盏茶里看到了松间、明月、溪水，心境为之灵动，那是茶的灵魂所在。这样的生活有情有趣，有宋画的风雅。用迎新老师的话来说就是，"茶是我们在世间寻觅到的良物，本性天真，无须夸大粉饰。借由它令我们拥有体悟善美之心，看见广袤的世界与人性的光明，便已足够"。

关于饮茶佳境，海棠认同《茶谱》里的观点："或会于泉石之间，或处于松竹之下，或对皓月清风，或坐明窗静牖，乃与客清谈款话，探虚玄而参造化，清心神而出尘表。"

"甲天下"的苏州园林是中国古典园林的代表。明清两代是苏州园林的全盛时期，古典园林遍布古城内外，最多时达到271处。如今，苏州仍骄傲地拥有108座园林，而园林文化、园林生活美学也成了江南文化的重要组成部分。海棠的梦想是在 108 座园林做 108 场茶会。林间山泉自流，烹茶避林樾，以诗会友，想想已怦然心动。

一方园林，一壶清茶，是虚与实的碰撞，是圆与方的交融，是忙里偷闲的欢愉，是精神与文化的传承，也是对美的另一种执着。这是海棠一直沉醉其中的品茗生活，也是我们每个人都应该拥有的品茗生活。

汐境如画，
请慢慢喝茶

海明

广州汐境空间主理人
人文茶道研修者与践行者

　　每一个浅夏，总有不一样的遇见，就像我遇见海明，而海明遇见老房子一样。冥冥之间被吸引，那是时光深处的缘分。

　　海明第一眼看到广州黄埔古港里那座有小院的老房子时，觉得那是她梦想照进现实的地方，不能再错过。

　　老房子的修复比重新装修更花时间与心思，历经近一年的精心雕琢和修缮改造，海明将中国园林的移步换景用于空间，也将自然元素以当代形式融入其中。在这里，建水紫陶花樽可以与竹结合，植物染的席布可以与茶盏和谐共处，一缸白荷悄立院中，亦可暗自芬芳。在现代风格之中，有山、水、闲云般的意象。一门之隔，营造的是一个清净的东方生活美学空间，呈现出中正平和、清幽雅致之美。

　　长街深巷，青砖黛瓦，白墙花窗，倚门回望，老房子里的那一方空间，像海明给它取的名字——汐境，意为潮起潮落，终有归处。归来兮，墨染沉香岁月，里里外外，皆有"和、敬、清、寂"的画意呈现。

自然万物皆有深情

在江浙的灵山秀水中浸润的海明，对自然万物有着天生的亲近感。小时候，每次读到白居易写的西湖，"孤山寺北贾亭西，水面初平云脚低。几处早莺争暖树，谁家新燕啄春泥"，感受到的总是一股自然气息，这气息里有春水初涨、白云卷舒，亦有黄莺婉转的歌声、燕子衔泥筑巢的快乐。

受母亲的影响，海明从小喜欢绘画，对自然万物有了更深厚的感情。在大山溪流之中，随处可见的石头，她总是视若宝贝地捡回家，经过清洗、晾晒，石头便是她眼里美丽的画布，她说："在石头上面作画的时候，自由和想象在飞，那是一种悠然心会、妙处难与君说的特别感觉。"太爱自然万物了，后来，海明路遇枯树根，被其沧桑却独特的造型所打动，索性直接把树根扛回了家。当她和树根一起立在家门口时，开明的母亲笑了，母亲接过树根，和海明一起清理起树根上的沙土，待树根干透，母亲又细心地给树根刷上了清漆。当这个被捡来的枯树根被打造成漂亮实用的茶几并安放在海明的床头时，她的眼泪夺眶而出，知女莫若母，博爱的母亲给了她梦想成真的机会。在海明看来，自然万物里藏着人世间的美与好、良与善。

　　读书多了，她在中国古典诗词中发现，万物往往带有人的性情、意志和情感。如陶渊明写菊花，"采菊东篱下，晨光犹熹微。繁霜拂我帽，零露沾我衣，寒英自秃发，败叶徒翻飞。荣枯有常理，吾意且忘机"，短短几句，可见其隐士一样的恬淡雍容、勇士一样的洁净秉性；王维写玉兰花，"木末芙蓉花，山中发红萼。涧户寂无人，纷纷开且落"，则喻其高洁自持之品性；周敦颐写莲花，"予独爱莲之出淤泥而不染，濯清涟而不妖，中通外直，不蔓不枝，香远益清，亭亭净植，可远观而不可亵玩焉"，也是喻其雅致芬芳、傲然物外的性情。人心为什么会响应自然之物而有所感呢？海明在王阳明的《传习录》里找到了答案——"先生游南镇，一友指岩中花树问曰：'天下无心外之物，如此花树在深山中自开自落，于我心亦何相关？先生曰：'你未看此花时，此花与汝心同归于寂；你来看此花时，则此花颜色一时明白起来，便知此花不在你的心外。"海明说这实际上是人自身的感悟借由外物诠释出来，外物像一面镜子，它启迪了我们的心灵。从生物链的角度思考，人亦是万物之一类，相互之间本该是彼此依靠的关系。王阳明说："风雨露雷、日月星辰、禽兽草木、山川土石，与人原只一体。故五谷禽兽之类，皆可以养人；药石之类，皆可以疗疾。只为同此一气，故能相通耳。"

万物之中，茶是性灵之物，清泉溪流与它为伴，风霜雨雪为它加冕。

林清玄说："喝茶的最高境界就是把'茶'字拆开，人在草木间，达到天人合一的境界。"海明说，天人合一就是回归大自然，回到草木中间去。人在草木间寻得良味，亦在草木间感知天地，从中获得清明，获得抚慰。

一壶清茶，一抹清香，简单而明净。小时候，海明喜欢的是绿茶，因为绿茶里深藏着她喜欢的自然万物，饮之心清气爽；到广州工作、生活后，她喜欢上了红茶、乌龙和普洱，这些茶丰富、迷人，虽然特点和韵味不同，却都有草木之逸。

因为对自然万物独有的深情，海明选择与茶为伴是顺理成章的事情。尽管此前，她在大学里学的是化工专业；尽管此前，她在高新技术企业已做到了高管，但，在一盏茶的面前，一切都显得微不足道。

人文茶道，所教授的是一场静默的觉醒

这世上有些遇见是没有缘由的，2015 年，在尘世的喧嚣中走了太久，海明想寻一处净土，来安放自己的灵魂，就这样，她与迎新老师在茶中相遇了。

"茶中相遇，不必寒暄，只为那一份投缘、默契与懂得。人文茶道所表现的是一种仪式感。它会让你静下来，让你的心沉浸在茶里，达到身心合一的境界。"海明说第一次上迎新老师的课即被打动，她教的不仅是手法，更是心法。茶是大俗之物，却又蕴藏大雅。迎新老师说，在茶席上，每一个小物件都承载着各自的寓意。陶杯以盛茶为用，花枝以装点为用，暖炉、蒲扇、陶壶，以煮茶为用。茶席上器物的多少、摆放的位置，依茶席的地点、主题、节气、宾客来决定。一个有心的主人，会细心留意宾客的喜好并据此摆放物件，在事茶的细节里体会人与境、器的和悦之趣。物物如何相生，冥冥之中自有安顿。

人文茶道，很多时候教授的是一场静默的觉醒。一动一静，是心与物之间的交融。2016年，韩国首尔国际佛教博览会开幕，海明与三位同修一起陪同迎新老师前往。开幕当日，她们展演的是"兰若莲华·兰若九式"，与其他茶道团队不同，她们的整个行茶过程有礼有节、不卑不亢。其时，古寺松影，佛颜含笑，莲缀甘露。草木深处，主客忘言，皆沉浸在无我忘他的自在光阴里，一盏饮尽才相视莞尔。那一刻，海明静立于席前，品到了不喧哗自有声的茶中真味。后来和迎新老师在通度寺小住，相顾无言，只看松影上光线或明或暗的变化，就觉

得日子生动而美好。这种美好如茶之缄默，乐彼远山，在口
在心。

入了心的茶，动静皆美，如通度寺的晨钟暮鼓，有着撼动
人心的力量。那日，暮色渐起，有鼓声如远雷滚滚而至，忽缓
忽急，一声声落在海明的心上，那些与母亲相伴的记忆随泪水
奔涌而出，所有压力都随着鼓声的起落而释放了。鼓声歇，天
地大静，物我两忘，如茶与禅的结合，并非偶然的相遇，而是
本来就有着内在的渊源。茶因有清透自然的属性，饮之啜之，
清静安宁，让人瞬间从纷繁复杂的生活情境中解脱出来，专注
当下，不被外物干扰，继而保持内心的安详与平静。此与禅宗
趣旨相通。

同时，人文茶道里的人文关怀是让海明最为感动的地方。
"人文关怀是无形的，却融在事茶的一点一滴里。第一次上迎
新老师的茶课，我因腰部不适，行茶时的身体姿态无法端正，
老师发现后，就默默地在我身后加了两个靠垫。老师的举动虽
然小，却深深触动了我，习茶亦是修习身心。这就像每次品茶
时，人与茶结的缘，一期一会是可遇不可求的，也让人对自然
有所体悟，心生敬畏。"同一道茶，心境不同，感知亦不相同，
茶与人彼此照见。

长夜虽无狂风，也成一番化境

一炉起，一茶生。喝茶不但是喝一种味道，更多的是营造一种心境。和亲人好友共品一盏茶，一起沉浸在茶的世界里，自是愉悦难忘。人文茶道发起的"春茶漂流活动"，以茶为载体，让茶人们相遇、交流和分享，将茶中的人文关怀落实在茶会的每一个细节上。对于海明而言，这是一场有温度的回忆。她把广州站的茶席设计主题定为"饮秋"，取"日光流渊，月白秋长"之意，品鉴之茶分别为 2018 年的红玉、2019 年的红玉以及 2018 年的经典 58、英德金毛毫和单丛红茶。根据茶的不同属性，分设日光红席和月白蓝席，两席分别由人文茶道海明和同修迎迎等四人共同呈现。在茶会上，咖啡手织布长席、荷塘月色垂帘用于蓝席，红色苎麻长席用于红席，配以云南的建水紫陶、广州织金彩瓷茶器具，两席各尽其美——月白蓝席明月清皎，疏竹淡影；日光红席金菊飘香，玉兔呈祥。

彼时，琴声空灵悠远，茶汤徐徐注入，素盏暖茶如云魄起。

不同的茶，有不同的茶香及气韵。经过了山东临沂和广州两个站的春茶漂流，每个人都对盏中茶有了更深的理解。

品茶是孤独的，却能让人在坐下来开始饮茶的时候，止住所有的杂念，保持当下对每一个念头和言行的觉知。茶人们常常在茶汤里品味到独与天地精神往来的杯中山川景象，伴着升腾的水汽，茶人们亦会不由自主地想起叔本华。叔本华说："一个人只有在孤独的时候才能成为自己。他若无法享受孤独，就不会喜欢自由，因为只有在孤独的时候，他才是真正自由的。"长夜虽无狂风，也成一番化境，孤独的尽头是自由。在茶会的漂流品鉴会中，茶的自由孤独之境是一群人对自然万物的深情与狂欢。它让海明在孤独至微的境地中澄怀观道，直探生命的本源。

回归自然，保持人最初的本真与朴素

事茶之后，海明也规划着另一件事——让植物染的传统之美，回归生活，与茶事融合，丰富和延伸茶空间的朴素独特之美。

植物染，又称草木染、天然染，源自中国。早在西周时期，就设有"染人"职务，专门负责染色。《诗经》中的《桃夭》《蒹葭》等都是与植物相关的名篇。花开花落，自然之彩瑰丽唯美，如何才能留住四季之色，一直是海明想要探寻的答案。

海明喜欢手作。遇上植物染，海明理解了"自然万物皆可染"。薄荷叶、紫甘蓝、木棉花、紫荆花、樱花、茶叶都可入色。植物染的过程虽烦琐，但同样的材料在不同的面料上，总会呈现出不同的颜色，这是植物染奇妙的地方。"为了最后出来的染色作品呈现最好的效果，在整个煮制过程中，要一直看着，守在旁边。植物染会有很多无法预料的瞬间，但只要你用心守护，最后它总会带给你意想不到的颜色与图案。世间万物都一样，你如何对待它，它就会如何回馈你。"整个过程"不可知"，使每一次染色都令人充满期待，也让人以另一种方式与自然亲近共处，这是海明喜欢植物染的原因。

以靛青染蓝，以栀子染黄，苏木染红，收集夏天的荔枝壳、秋天的银杏叶和石榴皮，她总是乐此不疲。让茶叶在发挥品饮价值的同时，还能将冲瀹后的茶叶重新利用，让茶染后的织物为茶空间增色，也将茶叶的芬芳留在其中。植物染，于海明而言是古人传承的技艺，是一种生命延续的方式，也是自己与时光温柔对话的方法。手作的作品虽少了几分化学染色的艳丽，但也少了污染，不染铅华，承载着温度和情感，令喜欢它的人爱不释手。

施色以布，海明总会想起母亲，母亲除了喜欢喝海明冲瀹的茶，更是十分爱自然草木。2015 年的春天，在通往医院的路上，樱花和丁香花开得极美，每次她都会剪一枝带给母亲。病榻之上的母亲是看不到花的，但她看到海明带花来，总会露出温暖的笑容。四时有序，时光从不停步，母亲终究带着美好的记忆走了。"欲寄彩笺兼尺素，山长水阔知何处"，看着旧光阴一点点逝去，海明觉得母亲一直都在，像那些回归泥土的植物一样，她是以另一种方式重新来过的。

回归自然，致敬母亲，保持人最初的本真与朴素，这是海明的植物染设计理念，也是她自创品牌"汐境"的灵感来源。

心灵细腻的她，以茶为载体，把记忆中的颜色，染在了浮生日常里，把"汐境"装扮得既有艺术感，又清雅静谧：茶桌、茶席、门帘、隔断……处处都能看到植物染作品的影子，质朴，清新，却又低调而不喧嚣。在"汐境"中，茶仍是中心。置身其间，慢饮一壶茶，如同回归最原始的大自然，空气中交织着阳光和草木的气息，心头有云朵掠过。

快速发展的城市很容易将历史慢慢遗失，或许，老房子里的"汐境"有朝一日会为发展让步，但是至少目前，海明仍会尽自己所能，保留这段可触摸的历史，亦如她所坚持在做的事情——在茶事与植物染中，源心而行，依手细制，在行走和手作中分享生活的美。

人生如旅，瀹一壶茶，染一方布，将喧嚣挡在心外，一切

都会变得纯净而轻盈。生活的馈赠，往往来自无关功利的付
出。于海明而言，那些看似无用却美好的东西，却有着支撑岁
月的力量。

山中无甲子，

自有茶为历

范霞

人文武夷创始人

国家高级茶艺技师

武夷茶事发起人

武夷山市茶艺师协会会长

人文茶道研修者与践行者

山中无甲子，自有茶为历。茶对于我而言，是生命之常态，铭记着我的四时风景与晨光暮色，流淌着我的诗情画意与喜怒哀乐。在茶之内外，徘徊数年，不忘茶之本味，亦乐衷于茶之妙趣。

常守山中，常司茶事，将所见所闻、所思所想融于一盏茶汤，愿借清风一缕，捎去轻飏茶烟与氤氲茶香。

我常在小院里，或见花开，或遇花未眠，闲看几本书，慢临三两行字，静沏一壶清茶。有一天，蓦然回首，或许你正倚在门畔往里探，那我正好为你瀹一盏茶。

炉上的水沸了，我喝茶去了，今天你喝茶了吗？

——范霞

事茶是偶然，却也是必然

人的生命有长度，但热爱和执着会让生命的深度和宽度无限延伸，茶给了范霞这种深度和宽度。

名山出名茶，名茶耀名山。武夷山不仅是世界乌龙茶与红茶的发源地，更是世界自然与文化双遗产地——这里保存了世界同纬度带最完整、最典型、面积最大的中亚热带原生性森林生态系统，这里还是道南理窟、三教名山和历代高人雅士驻足并留下无数墨宝的文化圣地。就是在这样自然与人文并存的山水之间，她结下了一辈子也割舍不了的茶缘。

提及往事，她说："事茶是偶然，却也是必然。"

2007 年，武夷山市举办"首届大红袍形象大使大赛"。消息一经传播，立即引起了社会各界的关注，范霞就是关注者之一。彼时，她还是一名旅游专业的在校大学生，虽然对赛事内容并不完全了解，但勇于展示自我的信念让她毫不犹豫地报了名。人说成功和失败的差别，有时就在于你有没有勇气跨出那一步。范霞的这一步，让她荣获了本次大赛的"十佳形象大使"。

捧着获奖证书，范霞感觉有什么在冥冥之间指引着她前行。她说："那次大赛从某种意义上来说，让我第一次正式地认识了武夷山茶，系统地学习了大红袍传统茶艺表演，了解了武夷茶的历史发展，并拥有了自己专属的第一套茶具，养成了喝茶的习惯……"但彼时的她也没有想到，她与茶的缘分不止于此。

器具精洁，茶愈为之生色

2008年，范霞去武夷山度假区实习，再次走近了茶。走近了，她发现这里有奇峰曲水、高山深壑、风化奇石以及良好的森林植被，上天赐予这里的茶一方极佳的水土，而关于武夷茶的品饮则有很多事情值得探究。武夷岩茶首重其味，后闻其香。清代著名诗人袁枚在《随园食单·武夷茶》里写道："余向不喜武夷茶，嫌其浓苦如饮药。然丙午秋，余游武夷，到幔亭峰、天游寺诸处，僧道争以茶献。杯小如胡桃，壶小如香橼，每斟无一两，上口不忍遽咽，先嗅其香，再试其味，徐徐咀嚼而体贴之，果然清芬扑鼻，舌有余甘。一杯之后，再试一二杯，令人释躁平矜、怡情悦性，始觉龙井虽清而味薄矣，阳羡虽佳而韵逊矣。颇有玉与水晶，品格不同之故。"很多人读到袁枚的这段话，感同身受的是龙井虽然清新但茶味淡薄，阳羡虽好而茶韵逊色，唯有武夷茶香气奇异，爽甜甘鲜，尤耐久泡，喝完令人性情平和、心旷神怡。但范霞循着这茶香，觉得"杯小如胡桃，壶小如香橼"同样于武夷茶功不可没。水为茶之母，器为茶之父，它是我们鉴赏和品饮茶汤的媒介，所谓"器具精洁，茶愈为之生色"。

茶在未遇见水之前，仅是一片干瘪的树叶。以水载之，以器润泽，它才有了水灵灵的佳人样貌。从这个意义上来说，一杯好茶的诞生，离不开水与器的"相亲相爱"。聪慧如范霞，深谙此理。"循着三味，慢品则悦，茶中三味，人生百态。苦涩、甘甜、平淡……再美的风景不及看风景的心，正如再好的茶亦好不过品茶者的心情。世间之事纷纷扰扰，能有几人可以放下俗世，慢品一盏无味而至味的茶，在茶香的微醺中感受真我。"这是大学刚毕业不久的范霞给自己的新茶器店"三味茶斋"写的文字。

一直以来，武夷山人深谙茶本真之精妙，对茶的色、香、味、形之品评颇有心得，但在泡茶、饮茶之时却不讲究器物的使用。随着茶业经济的利好发展和饮茶方式的变化，茶具除了实用性，还兼具可观可赏的功能，而茶空间的发展也使得对茶配套的要求越加精良。范霞说："武夷山不缺好茶，但要想真正品尝到茶之巅峰的韵味，需要良器。"于是数年来，她和朋友无数次往返于景德镇、宜兴等产茶器区和武夷山，只为了淘到宜用宜赏的好物。再后来，范霞发现景德镇人懂器却不懂茶、武夷山人懂茶却不懂器，而她恰恰平衡了二者，开发了很多专属武夷茶的冲泡器皿。如预期的一样，范霞的器物店成了很多武夷茶人的打卡地。他们为器物而来，也为她而来。

"一杯令人感动的茶汤，是由各种微妙的因缘和合而成的，而选对了茶器，足以为茶汤增色不少。我们用不同质地、颜色、形状、大小、高低、厚薄的杯子来品茶，茶汤就会呈现出不同的气质，有时差距大得令人惊讶。但不论什么茶，若以好的器物来品饮，茶汤的香气、汤色、滋味都会更加细致、丰富、迷人，这是不争的事实。"范霞如是说。她不仅为慕名而来的茶客们推荐着适宜的茶器，打理自己的小店，也开始为别人的茶空间布置相宜的器物，成了当地小有名气的茶人。

由器入道，见山河，亦历岁月

爱上茶和器，就像爱上一个人，是一段缘分，也总想把最好的都给他。茶不经揉捻，终是青涩；器不遇好茶，也枉受高温的烧制。好茶和良器相逢时，器得茶之馨香，茶得水之滋养，才能演绎出彼此最美好的绝唱。在打理器物店时，细心的范霞发现很多人买了器物却不知如何设茶席。"从古至今，人类在茶这种灵性的树叶中完善了自己的生命，也找到了生活的真味。饮茶，不仅是饮，更应该是一种生活中的文化。"基于这样的想法，范霞从茶器经营中脱身，开始了自己的茶文化培训事业，这一做就是六七年，从"三品茶道"到"修篱茶事"，完成了乐衷茶艺到不止于艺的成长。

坚定地走在行茶路上这么久，范霞说不能不提恩师王迎新。《礼记·文王世子》说："师也者，教之以事而喻诸德者也。"古往今来，但凡为师者都注重德才兼备，不仅要授学生"谋事之才"，更要传学生"立世之德"，而传德尤为根本。师者迎新，在立德当表率、树人为根本的基础上，借由茶生发出更为丰富的师者内涵。

在中国，茶不是解渴的水，是一种境界，就像"茶"这个字，人寄草木间，本身便蕴含先人们的大智慧。茶之为道，亦是要遵循天地怡然的茶性，从自然之道出发。在行茶的过程中，见山河，亦历岁月，还其本性，方不负其初心。这是王迎新老师和人文茶道所倡导的人文精神。它们在不同的时间、地点，不同的机缘下，慢慢地走进范霞的生活，便成了她生命中的一部分。

"有些东西美则美矣，却走不进我的心里，反而有些茶、有些人只需要一眼便入了眼，更入了心。第一次看老师泡茶，我便在心里暗想：这就是我想要的。"范霞说尽管当时自己已习茶多年，但真正走近人文茶道才发现，茶之安定平和，关乎物态，物之所象，心之所相也。一盏好的茶汤，除了技法使然，更因心法超然，在尊重他人和自己的同时，找到最愉悦的度。这与技法相关，与心法相连，且心法一定是大于技法的。此心法不可有"驾驭"茶汤之想法，茶之自然生命，有其独特的神奇力量，专注于行茶，茶便如良师益友，从"处处用心"到"处处无心"，行至"坐忘"的境地时，便可进入忘器、忘茶、忘他、忘我的状态。此时，曼妙的感觉是黄庭坚《品令·茶词》中所言的："醉乡路、成佳境。恰如灯下，故人万里，归来对影。口不能言，心下快活自省。"

得茶之真谛后的范霞不仅坚持传播茶文化，更热衷于从事茶相关的公益事业，她先后创办的"武夷茶事"公益茶事组织和"武夷山市茶艺师协会"成为当地乃至全国都很有影响力及美誉度的组织，她也成为促进武夷茶文化活动发展的领航者与中坚力量。

山中何事？ 无非煮水煎茶

茶，是有语言的，肉桂的张扬、水仙的内敛、老茶的沉稳、红茶的温润，当你学会倾听茶的语言时，便不会再拘泥于茶的手法，而会拥有随心而动的能力。因为茶，很多茶人掌握了用身体感知生命的思考方式，范霞便是。她在用心感受茶的同时，也在用心做茶文化培训，同时也经营着自己的诗意茶礼品牌——"人文武夷"。在这个过程中，她借由一盏茶，不断地践行着人文茶道的理念——尊重事物，尊重茶，从而尊重自己。从器物到手法，从形式到心法，探索茶的更多可能性，范霞在不可能完美的生命中追求着茶的美好可能。

熟悉范霞的朋友都说她待茶如待人，虔诚认真。她做的"人文武夷"诗意茶礼——丛魁、水木清华、山中梅笺、掬水留香、且醉花前、君子知交、清凉地、晚来秋、折鬆香……这些光听名字就要醉了的佳品，皆是她久居山中常年事茶，经过精心挑选和静心感受后融入诗意生活的最终呈现作品。"我总想以敬重、谦卑之心，把武夷山水的灵性包裹在这些茶之中。做茶不单只为谋利，更为了真实而有诗意的生活。"这是她的初心，这份心意饱含茶人的深情——她希望大家喝到正品、正味的武夷茶，还希望大家能在喝茶时很自然地学习茶的文人趣味与东方审美，学会在茶中去探索中国人的精神本源。她以"岁时记"将节气之美融于茶汤之中，于茶、器、生活中开启全新的茶事生活美学实践。

世人怕寂寥，隐士畏喧杂。明代隐士冯可宾在《岕茶笺》中总结茶宜十三事：无事、佳客、幽坐、吟咏、挥翰、徜徉、睡起、宿醒、清供、精舍、会心、赏鉴、文僮。不唯求避世入林，但寻一方净土，造一室桃源，饮茶其中，静心亦不难。谈起茶人的理想生活，范霞说："我想在武夷山下拥有一个院子，四周群山环抱，抬头有明月，耳边有清风。静谧的午后，和三五好友，喝茶赏蒲，谈天说地。极目处，远山如黛，无物、无我，只觉身心缥缈于天地间。"

采访完范霞的那个下午，我所置身的城市已有了夏的味道，城市上空的风有几丝慵懒和燥热，这让我忽然对武夷山有了强烈的念想，想去白茫茫的烟岚中看看"桐木关"，也想去溪水潺潺、涧谷流香的"三坑两涧"里走走，更想用兔毫盏啜一口令人满口生津、回味无穷的岩骨花香。

念，因执而在。相信用不了多久，我就能在武夷山和范霞在她的院子里见面，然后喝上一盏她的好茶。

以文心事茶，
发现东方美学生活

平子

天津东家·问津主理人
人文茶道研修者与践行者

任何一个女人都有这样一颗任性的心，希望把生活过成自己想要的样子。想旅行了，说走就走；不想工作了，马上就炒老板的鱿鱼；周末，一个人坐飞机去布拉格，只是喂一下广场上的鸽子；在电影院包个场，就为安静地看一部电影……是不是这样才叫生活？

其实，任性并不是恣意妄为，而是有本事按照自己的意愿去生活，有能力推着生活向前走，而不是被生活推着走。

在天津市滨海新区商务区堡子里 21 文化创意社区的 3 楼，秋日的阳光在这里铺开，循着言几又书店的书香气前行，仿佛闯入了梦里的多维度东方美学空间：入口处园林式的洞门设计与黑色外墙形成对比，鲜明而独立；外圆内方的三重门，立体呈现着中国文化中"外化而内不化"的哲学思想；流水型的桌子蜿蜒绵长，仿佛没有尽头，源头处为一茶台，茶杯氤氲着茶的香气，工业风的设计配上中国式的客厅、书房，混搭得妙趣横生。在这里，每一处小惊喜都是刻入骨子里的东方式优雅。东家·问津的主理人平子静坐一隅，素手问茶，笑颜若花，在浓淡相宜的背景中，让人不由想起唐人李翱《赠药山高僧惟俨 (其一)》中的一句诗"云在青天水在瓶"，这样的生活状态闲适而美好，令世人羡慕。

几年如一日，平子为了把生活过成自己想要的样子。即使最初和茶结缘时是零基础，她也毅然用信心、智慧、努力和执着奋力前行，如此，才写就了她美丽精彩的人生新篇章。

以文心事茶，无意识的修为才是真修为

36岁的女人，既不像小女生般的娇娇可人，也不像老妇人般的邋遢松弛。风来雨至，都能让她如盛极的牡丹般芬芳而不失典雅，委婉而不失大气。同时，这个年龄的女人也是最懂爱的女人。柴米油盐酱醋茶，生活虽平淡无奇，却给了家人十足的幸福感。平子的生活一度被家庭占满，琐碎的幸福曾让她陷溺，直到有一天茶走进了她的生命里，生命之花由此绽放得更有光彩。

对于中国人而言，茶是举国之饮，可独饮、对饮，亦可品

饮、聚饮。有茶的地方，便有东方式雅致。李商隐诗云："小鼎煎茶面曲池，白须道士竹间棋。"其间的怡情出尘，令平子的先生神往。2014 年，平子的先生开始做茶，但令他惊讶的是，大家喜欢喝茶，却基本不了解茶，好多人喝了一辈子茶，却连六大茶类都弄不明白。他觉得要想让自己的茶空间在天津能尽快立住脚，茶文化一定不能忽略。不能为了风花雪月的文艺感，就忘掉了茶文化的重要性。该怎样去学呢？当然要找最好的老师去学。功夫不负有心人，平子的先生很快找到了人文茶道的创始人王迎新老师。其时，王迎新老师刚好在江西有茶课，他便义无反顾地给平子报了名。"先生把南下的车票塞给我时，我还非常懵。那时我根本不懂茶，只是喜欢喝茶的氛围，想帮先生做点事儿。"平子回想当年，如是说道。

所谓隔行如隔山，去江西的第一天，平子就傻眼了。在茶课上，大家做自我介绍，在 15 个茶人同修中，只有她没有任何跟茶相关的工作经验，是一个彻头彻尾的"茶小白"。"但'茶小白'的好处是看什么都是新的。那时候，我学茶的渴望，就像海绵吸水一样。所有人都是我的老师，不懂的问题随时有人帮我解答。那种学习的感觉太好了。"平子说，学茶的同学不仅会告诉她类似"1＋1＝2"的道理，还会告诉她"1＋1"为什么等于"2"。这种因茶而生的纯粹让她感动。接着听迎新老师讲课，平子开始觉得自己心里有一扇窗因茶而忽然打开了，她得以从中窥探自然世界的美好，以及美学给心灵所带来的丰盈。

"老师说泡茶没有技巧，但要注意细节，细节会决定你所冲泡的这款茶的好坏。行茶时，手要稳，心要静，方有行云流水可言。泡茶人的心态，会直接影响到茶汤的滋味，也会影响到喝茶人的心情。泡茶的人如果带着浮躁的心去泡茶，喝茶的人也不会静下心来好好品尝。"迎新老师的温言软语，让平子瞬间在茶里找到了方向和力量。

在人文茶道的结业茶会上，平子遵循迎新老师的要求，和茶人同修们一起准备茶签、茶包、茶食、插花等茶席的物料，她对于茶历史、茶性、茶礼仪、茶品有了更深的理解与感悟。平子说："喝茶不只是品尝茶汤那么简单，它其实是件颇有情趣的事情。每一泡茶的滋味、口感，都是值得我们去探索的神奇宝藏。喝茶的趣味在于重复却又不同，看似一个人每天做同样一件事情，但每一种茶、每一种泡法、每一位朋友的感受都会有所不同，不断地去鉴别、了解、发现的过程才是最大的乐趣所在。在这一泡一泡重复的动作中，人心会真正得到平静，而你也在这许多简短的等待时间中，想明白很多事情。毕竟，有些事就是需要等待。我一直追寻学茶之道，可能并不只是为了学茶，而是为了改变自己的生活方式。"在茶会结束的时候，平子在一杯茶中看到了最好的自己，也读懂了老师的一句话：以文心事茶，无意识的修为才是真修为，这样的片刻通心、通天地，亦可通禅。同时，她的心底有个声音一直在说：这才是我想要的生活。

让生活成为生活，而不是简单的生存

想要的生活究竟是什么？有人说它是一杯苦涩的咖啡，有人说它是一幅难懂的抽象画，平子却说，生活就是一块调色板——R 代表乐观向上，G 代表充满希望，B 代表顽强拼搏，然后用 RGB 调出拥有灵魂的色彩。"说到底，生活其实就是按你自己想要的方式去过日子。"

因为被茶激荡过心灵，因为在茶中重新认识了自己，从人文茶道学成归来后的平子，告别了过去的生活，践行着茶的人文精神，在茶空间里开始了自己的"慢事业"。这是一份美好的慢事业，平子说："在茶空间里，不仅可以用自己喜欢的茶具泡茶，还可以插四时鲜花、精心布置茶席。整个人浸润其中，感受到的是茶香所带来的美感和幸福感。"

泡茶本是一件很简单的事情，是人赋予了茶不一样的意义。焚香、更衣、打坐、醒茶、洗茶、煮水、烹茶、品茶……
在极具仪式感的氛围中，平子心底那份对生命最原始的热爱顿
时被唤醒，就像一盏泡到恰到好处的陈年普洱，在时间的催化
下，一品口甘、二品芬芳四溢，从此欲罢不能。

村上春树说，仪式是很重要的。"仪式是什么？它就是使
某一天与其他日子不同，使某一时刻与其他时刻不同。仪式感
是对生活的重视，是把一件单调普通的事变得不一样，它让生
活成为生活，而不是简单的生存。"通过茶，平子找到了这种
仪式感。这种仪式感不仅让她和先生的茶空间在天津独具特
色，同时也让她发现，人生最曼妙的风景，是内心的淡定与
从容。

习茶六年，平子从懵懂到熟悉，如今对于茶的认识已不再
是单纯意义上的饮品，而是一个知己、一种独一无二的享受。
子曰："知之者不如好之者，好之者不如乐之者。"她在茶中品
出了不一样的阳光、雨露、汗水、喜悦，还有尊严。"茶人的
尊严是每一位茶人自己树立起来的，是从专业事茶的态度、茶
道美学空间的点滴营造、对美与善的领悟中为自己赢得的。在
红尘中行走，我们的身影或许偶尔孤单，却从不缺乏坚定。"
平子说。迎新老师的人文茶道理念让她受用一生，也让她行走
的脚步越来越有力量。

活得漂亮，才会被这个世界温柔相待

有句话是这样说的："如果你知道自己要去哪里，那么全世界都会为你让路。"对于平子来说，真正有这种感觉，真正知道自己要去哪里，是通过一盏茶所带来的多元东方美学——一叶一盏，修心修德，可入中式庭院，也可入传统书画和园林树木。习茶愈久愈发现，茶的概念不局限于一席一桌，也不局限于一种既定的行茶模式，虽然其形式千变万化，但始终保有解人心语、清安身心之意趣。

这种意趣所带给平子的内心感动，在她发现"东家守艺人APP"时产生了同样的感受。东家守艺人的理念是"发现东方美学生活，让传承成为潮流"，此理念和她一直以来的想法不谋而合。在得知东家守艺人的首个生活美学体验空间——东家·问津将在天津落地时，她突然就产生了加入的念头。亲朋好友听说后都投反对票，说天津是一块生活美学商业"盐碱地"，你就别开垦了。偏偏平子是那种自己决定了的事情非要一条道走到黑的人，因为她在东家守艺人看到了她想要的生活。

东家守艺人的创始人对平台的定位是"中国匠人服务体系"。生活美学体验空间可以让用户有机会欣赏中国顶尖匠人的精美造物，并可在现场同匠人零距离接触和互动。这些都让平子心动。相比于传统的专注于喝茶、卖茶的空间，东家·问津美学空间以传统文化为核心要素，把生活里的美学运用到这个空间里，比如赏器、闻香、品茶、艺术展览等，它们不是一堆僵化的东西，而是一个个具有生命力的有机体。它们一方面呈现匠人对生活美学的解读，另一方面帮助人们寻找内心隐秘的角落。在这个设计与美学为主导的八百平方米的空间里，你可以端坐在中古椅子上和友人聊天，也可以独自在一件琉璃盏前探索思想的深度、拓宽生命的边界。

人生就像一场众人的独欢，总有形形色色的人穿梭往来，总会发生各种各样的事，而其中冷暖只有自己才能体会。只有经过生活的洗礼，我们的内心才能渐渐丰盈，才能对生活有更深的理解。当平子如愿以偿成为东家·问津的主理人时，她对自己说，我的选择没错。每个月，她都会在这里组织一场艺术展，例如香事、器物展、画展等等，其中让人印象比较深刻的是台湾著名手艺人许文滨老师的"折得一枝香在手——红楼香事"活动。在数十年的成长过程中，日日与香打交道的许文滨，不仅有着精湛的制香能力，更有着制香人万里挑一的嗅觉能力，无论是什么香，他一嗅便可知其分量、比重、材质比例，堪称神奇，这不仅是技艺的积累，更是天赋异禀。

类似的特展，还有"中国第一琉璃茶器"创始人梁明毓先生的"身如琉璃"器物展，梁明毓的琉璃，色泽通透、线条流畅，无论置于何处，都适得其所。琉璃茶杯素雅精致，让人爱不释手；琉璃茶枕仅有一指之长，造型迥异，蜷腿的家宠、伏地的神兽，无不神形兼具，让大家近距离地感受到了琉璃遇见茶的艺术。

此外，平子每周还在东家·问津做抄经活动，这是一个公益活动，抄经的参与人员来自各行各业，其中有老师、白领、画家、学生等。抄经活动旨在以抄经之法，学习静心之道，开启国人的传统健康生活方式。

平子说，做这些事的意义在于，在传统美学文化体验活动中，不仅可以感悟人生，交流思想，更可以让自己无处安放的心宁静下来，寻找到自己最中意的美好生活。

借由一盏好茶，传递中国人的人文精神

茶境里，有心境；茶味里，有心路。在生活里遇见茶，在茶路上遇见更好的生活。

现在，平子每天的日常生活就是插花、煮茶、闻香、赏器。每每在朋友圈里发图，总是令朋友们羡慕不已。朋友们说

她把日子过成了诗，平子则说："每个人都有自己的生活理想。对我来说，把日子过得慢一点，可以专注地借由手中的一盏好茶，传递中国人的人文精神，就是一件令我幸福的事了。"

禅修大师隆波田在《动中禅修行指南》中写道："人，生而思考，思此想彼，永无终止。念头像流水般地流动。"由于我们看不清念头，所以有痛苦。念头本身并不痛苦，当念头生起时，我们不能及时看见它，不能及时知道它，不能及时了解它，所以产生贪、嗔、痴而带来的烦恼。贪、嗔、痴，事实上并不存在，只因为我们看不见"心的念头"，所以才会生气。因此，在念头生起时，知道、看见并了解它，是最理智的做法。对于平子来说，让她看见"心的念头"的是人文茶道的迎新老师，由茶出离，日日习之，她从习茶"小白"成功转型为东家·问津的主理人。

有时候，曾经做出的最困难的决定，最终成了我们做过的最漂亮的事情；曾经以为最艰难的人生境遇，最终成了我们活得最漂亮的时光。这时，你会像平子一样发现，把生活过成自己想要的样子其实没有那么难。

把时间『浪费』在美好的事物上

郑耕耘

昆明学院旅游学院教师
人文茶道研修者与践行者

　　静待一朵花开,是美好;细读一本书,是美好;静听一场雨声,是美好;繁忙之余,给自己泡一杯温暖的茶,也是美好。

　　生活有千百种可能,总有一种美好是你想要的样子。

　　朱光潜先生在他的书《谈美》里说过:"人所以异于其他动物,就是在饮食男女之外还有更高尚的企求,美就是其中之一。"中国传统美学认为,审美活动就是要在物理世界之外建构一个意象世界。在这个意象世界里,茶事是绕不过的一抹亮色。

　　茶事的美感能熏陶一个人的气质,也能决定一个人的生活品质。

　　当茶成为郑耕耘生活的一部分,她找到了自身与当下的联结,用茶文化与生活美学表达心中的坚定和柔软,也传递对美的向往。她说："一个懂得审美的人，就不只是在生存，而是在生活了。去欣赏茶和茶器，去学习自己喜欢的乐器，去抄经、写字、修心，这些事情跟美有关，而跟利益无关，正是这些在有些人眼里无用的事情，才是我们灵魂的构成部分，才是我们作为一个独一无二的个体在芸芸众生中的独特之处。"

功利的世界让我们失去了对生活的热爱和享受，失去了对美好事物的好奇与感知。懂得从紧张和繁忙的生活中抽身出来，放慢脚步，和自己的心灵对话，不攀附、不将就，才能把生活过成你想要的样子。

茶之美，美在自然而然，润物细无声

见过郑耕耘的人，都会发自肺腑地说她"美得像茶一般"，行也如茶，坐也如茶，这个如茶一般的女子真的是从骨子里爱茶。虽然她的本职是旅游学院的老师，每日清清雅雅地穿梭在校园之间，但忙里偷闲时，郑耕耘只想和茶温柔以对。布一张席，那温润的茶汤里有日月山川，也有往事如烟。茶之美，美在自然而然，润物细无声。

作为北回归线上最大的绿洲，被联合国环境署称为"世界的天堂，天堂的世界"的普洱市，曾是茶马古道上的重要驿站，也是我国著名的普洱茶产地之一。郑耕耘就出生在这里。她的家族中人都在做茶，父母是爱茶人，茶的独特香气以及家中常听到的茶之话题构成了她的幼时记忆。"每天都喝茶，像每天都吃饭一样。"这个茶想来是极其枯燥的，但是对郑耕耘来说，没有特别喜欢，但也不拒绝。她从未想过喝这些茶有什么用，只是感觉它比水的滋味足。

后来，郑耕耘一直在昆明读书、工作，也没有像家族中人那样选择以茶谋生，而是选择了一个比茶有"钱途"的工作——做导游，风风光光，天南海北几乎都跑遍了。

那茶就此远离她的生活了吗？

"其实茶从未走远，它一直都在。"郑耕耘坦言做导游十年，茶不离不弃地陪伴了她十年。这源于她的爱茶情结，也得益于有茶厂的哥哥总是第一时间把家乡最好的茶赠予她，所以无论是在路上，还是在他乡，茶作为一种陪伴，总是在她生活中默然静守。这种静守，让她即使在最孤独时，也能听到夜莺的清唱。

茶有一种难以抗拒却滋养人心的力量。这是后来她被恩师王迎新所著的《吃茶一水间》吸引的原因，也是她一直追随人文茶道至今的原因。

后来，郑耕耘索性放弃了高薪的导游工作，直接回到旅游学院做起了教师。很多人不解，问其原因，她说："我想静下来。"从喧哗的导游职业转身，放弃名利，郑耕耘可以花几个小时，慢下来，去品一壶茶，去做一道甜品，去插一盆花。这感觉像风去追一朵云，让静下来的她，重新看到了这个世界的美与好。

这奇特的人生经历看似从终点又回到了起点，有着峰回路转的意趣。其实，是出于冥冥之间的喜欢。喜欢了，就放不下了，就费思量了，就心心念念了。凡此种种，对郑耕耘而言，都是因为太爱手中的这盏茶。

中国的茶，其实是讲究天人合一的

被茶所感召，是在一个清美的日子。

在弘益大讲堂上，王迎新老师讲茶，和别的老师不同，她讲的是茶的人文之美——一人一汤便是当下，茶汤自口入心，落至江河湖海，人却安稳如泰山。气韵天成之时，似乎也不必去谈什么以茶修行，以茶修心。无意识修为，才是真修为。在课程中，王迎新老师带了一盆自己种植的菖蒲作为茶席插花。与众不同的是，她还在菖蒲里插了一枝含苞的素馨花。小小的素馨花唤醒了郑耕耘心底最柔软的记忆——幼时读书，每每读到深夜困顿之时，素馨花总是陪伴在侧，轻轻地散发着香气，予她心中以温暖和光明。此时素馨花作为茶上宾，从某种意义上来说，也是指清水烹茶的茶人，棉麻布衣，孑然一身，虚室禅坐，茶烟袅袅间，唯淡然如菊之素心，笑看云淡风轻。

一节课下来，郑耕耘在心里惊呼：原来中国茶的内涵这么丰富。小时候不懂茶，转过头来看，才发现茶是至美之物。也是从那个时候开始，她开始重新审视与她朝夕相伴的茶。

迎新老师说中国的茶，其实是讲究天人合一的。尊重四时节气，对万物和天地应怀有敬畏之心。如鸿蒙初开，这样的话让郑耕耘蓦地想起了家乡的傣族茶，向茶的初心就这样被激发了。

记忆中，傣家茶一直是和大米、盐巴作为家中必备的三件宝物。比如竹筒茶，傣语称为"腊跺"，是傣家人招待客人用的居家茶。小时候，身边的傣家人待茶是有敬畏之心的，竹筒茶的茶叶一定是采摘的细嫩的一芽二三叶，经铁锅杀青、揉捻、干燥，然后再蒸软，装入特制的嫩香竹筒内，在火上烘烤，等到竹筒内的茶软化了，老人会用木棒将竹筒内的茶按压后，再次填满春茶烘烤，这样循环往复，边烤、边按、边填，直至竹筒填满按紧为止。待茶烤干后，剖开竹筒，方可得到圆柱形的竹筒茶。郑耕耘说："这样制成的竹筒茶，不仅有茶叶的醇厚茶香，更有浓郁的甜竹清香。因为有傣家人做茶的虔诚心意在其间，所以，我总是在这种茶汤里品到敬天惜物的鲜爽滋味。"这样的醇厚心意，还表现在傣家人的祭祀活动中，如每年春茶采摘之前，必要祭拜山神和古茶树神，祈求茶叶增产、增收。

习茶是精神的追求，也是一种情怀寄托

学茶之趣，学在茶之内，看见的则是茶之外。人文茶道诠释的并不是茶事一件事，而是中国传统艺术的审美与文人雅士的生活方式。郑耕耘说："人文是沉下一颗心，进入到茶背后的文化深处，十几年如一日地去学习与践行，才能入门的修养之事。"

因为人在昆明，她总是有机会一次又一次地去一水间向迎新老师学习。学得久了，郑耕耘也有茫然的时候，这种茫然是来人文茶道之前觉得自己很会泡茶，但在这里学了之后，反而觉得不会泡茶了。不会不是说真的不会了，而是无法再像之前那样，用表演的方式去行茶了。人文茶道讲究心法，心法说起来容易做起来难，需要东方美学的深厚积淀，它高于琐碎的生活，又将回归于生活。

在一水间传习馆的墙上有一幅字，上书"传薪"，郑耕耘每次来，都会深情地望一望这两个字，她理解"传薪"乃传心也。"在这种年纪，最想做的不是去追逐年轻时的梦想，而是在闲暇的时光里，沏一壶茶、读一本书，慵懒地度过漫长的一天。生命需要静下心来去体会，体会其中的安宁，体会其中的深意，品茶、读书可以丰盈自己的内心，不被世俗所打扰。"

生命中的这种高光时刻，不需要拘泥于喝茶的环境，那种精神的引领会如午后的光，自然地将你笼罩。在郑耕耘的习茶之路上，在微凉的雨后喝茶别有意味，此时，蘑菇在枯木中生长，蚂蚁在苔藓中慢慢觅食。郑耕耘说："茶事最高明的地方是它的独特审美，同样看一个事物，我们能得到不一样的感悟。习茶是精神的追求，也是一种情怀寄托。"

因为热爱，茶食和茶总是美得相得益彰

茶是有灵魂的，它唤醒的绝不只有我们的味蕾，还有回忆、味道、色彩和心情。

多年习茶的审美功底与敏锐的感官，令郑耕耘如同自然与味觉的精灵，以季节流转记录食材美好的生命。她总是以茶人的审美，去发现茶食的美好。

清明节前后，最宜食青团，她会去山中采来一筐艾草，取艾草的汁拌进糯米粉里，再包裹肉松馅，慢慢做成不甜不腻并带有清淡悠长的艾草香气的青团。养眼的青团会让郑耕耘觉得自己把春天抱在了怀里。玫瑰开时，她又会采来当季新鲜大朵的玫瑰花，一瓣一瓣清洗晾晒，然后加上白糖、蜂蜜，腌渍成甜美的玫瑰酱。小满，夏熟作物的籽粒开始灌浆饱满，但还未成熟，只是小满，还未大满。此时，小雏菊开得恰到好处，她会买来一大把，选取初绽的几朵，心思细腻地做成透明的植物茶点。

周作人在《南北的点心》里写道："茶食是喝茶时所吃的，与小食不同，大软脂，大抵有如蜜麻花，蜜糕则明系蜜饯之类了。从文献上看来，点心与茶食两者原有区别，性质也就不同。"其实，点心与茶食除了以上的本质区别，还很考验一个人的耐力。一款茶食，从食材到装饰，从力度到眼力，都不可操之过急，每个细节都要用心把控，才能呈现出有美感的茶食。

在悠闲的午后，喝杯茶，意犹未尽，家里恰好有芒果、柚子、西米，郑耕耘会顺手做一份颇有颜值的茶食——"杨枝甘露"给自己。在她的眼里，茶食的最高境界就是好看、好吃，还养颜。做杨枝甘露有没有什么秘诀呢？郑耕耘说："当然有。

要想食物好看，必须选一个漂亮的玻璃盏。要想好吃，就要多花点心思。第一层一般要放芒果冰沙，它会让食物的温度慢慢下降；第二层，舀一勺混合好的芒果椰浆西米，再薄薄地放一层芒果冰沙；第三层放芒果丁，一定要选用稍微生一点的，青涩、甜蜜的那种味道最佳；第四层，一般选用泰国青柚，撕柚子肉时别偷懒，一定要慢慢撕，撕成柚子丝。如此，洒在金黄芒果丁上的柚子丝才会呈现晶莹剔透的美感。"

因为热爱，茶食和茶总是美得相得益彰，品之，自然甘之如饴。从某种意义上来说，这也是郑耕耘对待茶的虔诚之心。

人文茶席所提倡的人文关怀在于行茶的自然和品茶的平和。行茶以谦逊和独立作为根本，以一颗谦逊之心泡醇和之茶，让人文关怀体现在器物用具和茶汤之中；品茶以博闻和包容作为核心，不妄自菲薄，也不强人所难，惜杯中之茶，容身边之人，爱护一器一具，体悟一期一会。这看似无心，却处处用心。

爱屋及乌，她还把"读万卷书，行万里路，泡万杯茶""美就在身边，美就在手边"的习茶理念传授给了自己的学生。

这种大胆的尝试，被学生们热情称赞："老师，原来中国的茶可以这样喝啊！""老师，原来中国的茶食也可以这么美啊！"这样的声音，让郑耕耘意识到言传身教的重要性，也觉得做这件事情的意义非同寻常。茶和茶食都是东方美学的呈现，以更适合学生的视角，提供更丰富的心灵体验，是她一直前行的方向。这样以文化传承未来的人文教学理念，不仅令学生们兴致盎然，同时也提升了学生们对美学的认知。令她欣慰的是，有些学生因为上了她的课而爱上茶，在大学毕业后直接进入了茶行业，且做得风生水起，更有像蕊红一样的学生，爱茶爱到深处，便直接追随了王迎新老师。因为茶缘，她们一起走在更美、更好、更像自己的习茶路上。

一杯无声的茶，拓展了生命的宽度

因为爱茶，每一个平凡的日子都被郑耕耘过得活色生香。

朋友说郑耕耘像大叶种普洱茶，因为这种茶藏在光阴深处，是有灵魂的。大叶种普洱生茶苦涩感强烈，但采后有"藏之愈久味愈胜"的储存之美。它看似在沉睡，实际是在漫长的时光里一层层褪去青涩，独自芬芳，一旦遇到水，它的整个生命都弥漫着来自灵魂深处的香气。它像人一样，在不同的阶段会呈现出不一样的华彩。郑耕耘在做导游的时候，她用十年的时间了解了生命与旅行的意义，深刻意识到在人生这场旅行里，随心而行有多么重要；当她回归旅游学院时，她与茶结缘，又身体力行地告诉学生茶背后真正的中国传统文化在哪里。

郑耕耘说："习茶不断推动你的内心向内探寻，它是温婉而有力量的。对于爱茶人而言，茶的意义，已经不局限于满足味蕾之欲，还在于人通过饮茶、事茶，让视觉、嗅觉、味觉获得愉悦，进而达到心神合一的状态。"《小窗幽记》中写道："身上无病，心上无事，春鸟便是笙歌。"从这个角度来说，郑耕耘感觉自己是幸运的，因为她用一杯无声的茶，拓展了自己生命的宽度。

喝茶，喝的是一年四季流动的自然之气。茶人是美的鉴赏者和创造者，要做到看山是山、看水是水，需要日日磨之。在到达这个境界之前，你需要气定神闲、乐享其间。能像郑耕耘这样把时间"浪费"在美好事物上，便不算虚度光阴。

茶滋味、在口在心

张静

国家茶艺高级技师

国家评茶技师

江苏省茶叶学会茶文化讲师团成员

江苏省茶文化学会理事

茶艺师职业鉴定国家高级考评员

评茶员职业鉴定国家考评员

南京夫子庙小学礼乐茶艺礼乐课特聘教师

荷兰海牙中国文化中心特邀茶艺老师

人文茶道研修者和践行者

王小波说："一个人只拥有此生此世是不够的，他还应该拥有诗意的世界。"把一件普通的事变得不一样，让生活充满仪式感就是对诗意世界最好的诠释。

对张静来说，借由一杯茶，让生活充满仪式感，并不意味着生活需要多么复杂的形式，重要的是这个过程。在这个过程里，你可以如茶在盏中般缓缓绽放内心的美，这种美包含你对生活的热爱、对生命的尊重、对生活中日常琐事的态度。在琐碎的生活里，能时时和自己精致地相处。把每一个闲暇时光都经营得郑重而有诚意，需要时间的沉淀。

习茶者应在茶之上

张静与迎新老师的相遇，缘起于《吃茶一水间》。自乙未秋日至今，张静开始追随迎新老师习茶。迎新老师致力于当代茶道美学之研习，践行人文生活之道。"习茶者应在茶之上。"唯有不倦于提升自我之修养内涵与才学智慧，方可领悟其思想精髓。

乙未菊月，在北京香山脚下，迎新老师在得大茶舍召集的那场雅集，让她至今念念不忘。雅集是日，云朗天青，秋阳霭霭，庭院幽幽，回廊寂寂。茶桌型质有别，错落有致，倚势安放。二十余人的茶会雅集，被精心设置为九桌茶席。众师友担当席主，每席两位。茶品备三款。第一款茶品是迎新老师为茶会特别准备的，由其父王树文先生在二十世纪八十年代制作的南糯山古树小铁饼，其形古雅，甚为珍贵；第二三款为席主之素日体己茶，自是各地佳茗荟萃，各抒其美。

其时，迎新老师和海棠姐同席，茶席名为"探红"。席边的一幅墨宝，书此席之释义：古院起笙歌，因风送听。香山笼茗烟，临水散怀。北海聚雅韵，涤尘清逸。席上一枝秋实，缀满小绛果。斜探出瓶身，顾盼亦生欢。此情此景，让张静对这盏茶心驰神往起来。未饮，心已醉。

迎新老师说："茶人之意义，不仅仅在于懂多少茶叶知识，拥有多少名贵的茶器，而在于他是一位践行善与美的行者。"在这场雅集中，张静对这些话有了深刻的体会。迎新老师将茶会筹备内容分为四个部分，分别为茶包、茶签、茶点和插花。比如茶包，主要用来分装每款茶品，多以宣纸折成，且标注茶品名称。撷取红叶一枚饰之，可置于茶桌之上。茶签，每席皆有，手作为上。茶签文字包括：茶会雅集主题、茶席名称、席主姓名、茶席释义及茶品介绍。茶签在止语形式的茶会里起到说明作用，传递侍茶人对品茗者的坦诚敬意。

最让张静惊叹的是茶会上的茶点，它不仅要选择与主题、季节、环境及茶品相应之元素，同时更要在色泽、口感、造型上反复考量。比如这次的雅集，就特别准备了秋栗酥、山楂酪和豌豆黄这三种茶点。这三种茶点各有各的特色，秋栗酥细腻酥香，山楂酪酸甜可口，豌豆黄绵软清凉。当它们以红叶衬底，菊瓣、金桂缀饰其间并呈于茶席之上时，茶席便平添了岁月静好的味道。

何谓"人文茶席"？张静此前一直不甚了解，迎新老师为茶会雅集作序以释其意：时馨音送听，汤沸壶温，松柏停云，素盏承霞。望远山之蔼蔼，叹白驹之过隙；念天地之辽远，践人文之素行。执古之道，格茶致知。正雅清和，含章可贞。古有"山中卧佛何时起，寺里樱花此日红"，却道：花待来年长，茶令今宵短。三盏过也，七弦尤温。真实如梦，得大自在，唏嘘感慨，是以为记。

如醍醐灌顶，张静说，焚香一炉，敬供天地万物众生，当下正念，感恩惜福。此谓"人文茶席"之灵魂所在。

茶滋味，在口在心

在一壶至真至净的茶里，有山、有水、有自然，有超然、淡泊、清冽。当茶叶在沸水中翻滚时，它和山水的记忆也开始慢慢复苏。

其实，茶道并没有高深的理论。用心泡茶，以诚待人，在一盏清水中，醒开茶的袅袅余香，好好喝茶，安静地享受这一刻，才是真正的茶人所热爱的。能做到心到手到，心手合一，人茶同在，则是泡茶的境界了。

茶的人文精神一直影响着张静，她希望这种精神能影响更多人的茶生活，所以，在给学生传道授业解惑时，她总是不忘把茶事美学贯穿其中。很多性急的学生会问她，人文茶道的茶道精神在哪里？她笑曰：我传授茶艺给你，而你要在有形的过程中慢慢体会无形的东西——那就是其中的"道"。张静认为，茶道美学很多时候不取决于人感官上的认识，它需要每个人用心慢慢去体会。

2019 年，荷兰海牙中国文化中心邀请张静去荷兰教授茶艺，历时一个月。在海牙授课期间，她总是被不同的学员问到中国茶与日本茶道的区别。张静没有急于回答他们，而是安坐桌前，轻展茶巾，取壶承、安壶、落杯，让公道、茶则、水方就位，再添一枚盖置、一方匙搁，接着，她安顿花器，观枝、修剪、造型、固定、给水，一切进行得有条不紊，也美在其中。她用自己的身体语言告诉大家，日本茶更加注重内心的修行，借茶入道，而禅茶行修只是中国茶文化的一个极小的组成部分，中国茶的意义其实更广阔。另外，日本茶道更重视仪式感，而中国茶在冲泡上更注重对茶的滋味、香气、汤色的呈现，茶叶品种和冲泡形式也远远多于日本茶道。

树倚池岛鹤，茶会石桥僧

好茶的魅力是隔纸犹闻香，分而享之，是茶人最好的相遇，也便有了茶会。

"树倚池岛鹤，茶会石桥僧"，这应该是茶会最早的雏形。从严格意义上来说，早期的茶会只能算是僧人间参禅论道的茶聚，重在禅悟。

到了宋代，茶文化、茶美学被推崇到了极致，点茶一时成了茶会的主流形式，上至王公大臣、文人僧侣，下至商贾绅士、黎民百姓，无不以饮此茶为主。而茶会也由"品"提升到"玩"的境界，茶品、茶器、字画都有了质的变化。如宋徽宗所言："近岁以来，采择之精，制作之工，品第之胜，烹点之妙，莫不盛造其极。"并由茶会发展出了插花、挂画、点茶、焚香"宋人四雅"，这是后话。

张静说："如今，唐风宋雨倏忽间千年而过，喝茶遗风渐行渐远。现在的茶会，与旧时相比，少了繁复的程序，但茶人的仪式感还在。"这几年，她每年都要组织策划一次大型茶会。2020年的第三期茶会，名曰"金陵·聆冬吟花"，结合了茶、花、器、曲这四种元素进行打造。这次茶会的地点选在南京老门东承香堂，旨在让茶人们在江南的庭院里，对花啜饮，在细浓昆腔里，聆听初冬的声音。

上百人的茶会，从选择场地、插花布置、茶器选择、茶席布置，到昆曲曲目选择、场务和摄影摄像、发布等，每一个环节都需要进行仔细的准备和筹划。为此，张静和她的团队足足花了两个月的时间。辛苦自不必说，但乐在其中，让张静坚持下来的是以茶待客、以茶会友、以茶愉情的初心。

因为热爱，茶叶终究会为茶人引路。一次机缘，一场茶会，便因缘而聚。

迎新老师说："茶会之意义，不仅仅在于美好的词语与外在的形式美，而在于一举一动，真情实意，起心动念，言行如一，实作不虚！"张静始终践行着。

茶是一种无声胜有声的语言，素未谋面的人在茶的语境里也能心灵相通。不论人们来自何方，都能从一碗冒着白烟的茶汤里找到慰藉，有趣的灵魂终会气味相投。这亦是茶会的意义所在。

茶人的幸福感是从自己心里长出来的

在采访中，张静说："人们老给茶人贴各种标签，从过去的'茶艺师'到'茶主理人'，从'卖茶人'到'茶席主'，有各种各样的标签。我想说今天的茶人实际上是非常多面、个性的，任何一个单一的标签都很难界定我们。"

其实很多茶人在成长过程中，总被环境左右着要去做一杯讨好别人的茶，然后就常常会在所谓让别人喜欢自己的想法中，迷失了真正的自己。其实，真正的茶是属于自己的，从这个层面上来说，茶会是形式，茶汤是承载，主人对嘉宾尊重和关心，才能成就一杯有灵魂的茶。如果你的茶中没有自己，无论你是柔和也好，乖巧也罢，都讨不了任何人的喜欢，也不会在茶中得到自己想要的幸福。因为茶人的幸福感从来都不是从天上掉下来的，而是从自己心里长出来的。

一场自我觉醒的修行，要从等待一壶水烧开的过程中，感悟到做任何事都需要有耐心；要从清洗茶器的过程中，感悟到我们的心也时常需要"归零"……张静说，茶让人独处时不会孤独，盲目的社交才会。让茶进入每个人的生活，是茶人努力的方向。

张静认为，每个人的家里都应该有一间茶书房——你静坐其间，布一方席，喝一杯暖暖的茶，插上一束花，它可以改变一个人的生活基调。这时，你会深刻领会村上春树的话："如果没有这种小确幸，人生不过是干巴巴的沙漠而已。"

很多时候，借由一杯茶的美好，用茶修的智慧来看待这个世界，那么遇见的都会是宝贵的风景。

人生需要准备的，
是喝茶的心情

张一航

南昌泊园老茶馆、泊园茶村主理人
人文茶道研修者与践行者

茶画的曼妙，在于松风之气息。无须言语，只是看着，便使人从心底深处无端升起欢喜与安定的力量。

清人谢慧安的《烹茶洗砚图》便有这种曼妙。在亭台水榭中，主人在苍松掩映间凭栏远眺，不远处的琴案上摆放着一张素琴，书籍、茶具、赏瓶等一干物品井然陈列于一旁，安然静好。与之呼应的是画面中的两个小童，七八岁的年纪，一个蹲在水榭下的石阶上，小心翼翼地洗刷着主人的一方石砚，几尾鱼不时顽皮地凑过来戏墨；另一个小童则在火炉边烹茶，忙中偷闲，小童不时侧头观看一只飞起的仙鹤。一幅小小的茶画，就这样生动地再现了古人"洗砚鱼吞墨，烹茶鹤避烟"的茶之意境。赏味之余，不由让人多了几分向往之情。

从茶画里起身，似与古人会晤，满身都是清风明月意。我不禁在心里想：此刻，宜与一切美好相约——约人、约书，或者约茶。

张一航的电话就是在这时打来的。这是一个意外的美好之约。

他的第一句话是："萧萧老师，我在灵隐寺呢。"电话这端，我隐约听得到他急促的喘息声，但他的语气是上扬的，藏着掩饰不住的喜悦。我猜想，他是刚爬上灵隐寺就把电话打过来了吧。

我问："特意来灵隐寺，是为了和我聊茶吗？"电话那端，张一航笑了，很肯定地说："是！"继而又说："我对茶有敬畏之心。"我知道他不是刻意，而是对茶有着发自内心的喜爱。

在灵隐寺喝一盏茶，对张一航来说并不是为了"禅茶一味"，而是在喝茶时，能慢慢把心放进茶里，慢慢感受生活的曼妙滋味。他两个月前来到杭州，因为对茶情有独钟，在学习视频制作的各种事务之外，一直眷恋着手中的这盏茶。来杭州之前，他的行李箱里除了随身衣物，还特意塞了"贴心伴侣"——四五斤茶。

张一航告诉我，他平时喜欢喝庐山云雾这样的绿茶，但到了杭州还是要喝龙井的，因为龙井作为绿茶之首，确实有它不可替代的爽滑感。"喝普洱茶，从第一泡到最后一泡，你感受到的是岁月，是时间的变化；但龙井茶则不同，从入口的吞咽到回甘，每一口都会有细微的变化。你说它是小家碧玉也好，大家闺秀也好，它确实有种江南女子的清丽婉约。人能感受到茶，茶也就能够与人亲近。"他说。

浮生若茶，甘苦一念。张一航说，茶很多时候是一种媒介，什么叫"因缘"？什么叫"当下"？都可以在一杯茶里面阐述。

做茶人，要有坚守的初心

有些人和茶的缘分，是命中注定的。张一航说自己便属于这种。

在南昌，提起"泊园老茶馆"的名字，总是和古典雅致、空灵禅意这样的词语联系在一起。它充满了神秘，让人着迷，有着一般茶馆所无法企及的美。最早开张的泊园老茶馆位于南昌红谷滩，既有江南的清丽，又有巴蜀的清闲慵懒。"泊园"二字取自楹联"一璧玉怀甘淡泊，千祥可集乐清园"，寓意即这里是心灵停泊的家园。

张一航说，"泊园老茶馆"是父亲张卫华一手打造的，从它诞生那天起，它就成了他生命里不可分割的一部分。在一航的记忆中，那些年，父亲几乎走遍了全国的茶馆、茶庄、茶山，亲自品尝过各种不同地域、不同口味的茶，深爱茶道之美。兴趣源于爱，"泊园"便成了父亲的精神原乡。

张一航说，泊园茶馆的装修以徽派风格为主，融入苏州园林、北京四合院的特色。馆高三层，雕梁画栋，斗拱飞檐；亭台桥拱，短道回廊，浓缩古建奇观之大全。徜徉其中，令人赏心悦目。馆中1600多平方米的空间被划分为中和园、禅心书廊、戏院、佛堂以及各式包厢，特别的是茶馆包厢均以江西历史文化名人的字号命名，内饰则多为主人收藏的明清及民国时期的器物，充满了人文意趣和禅香妙意。小景入幽园，泊园里的中式建筑与佛教元素，能让人身临其境地体会"茶禅一味"。张一航说，每次他穿起茶服，在幽幽古琴中布茶席，总是能真切地感受到茶道对于灵魂的触摸。

品茗之余，泊园茶馆二楼的戏院还不时上演评弹、黄梅戏、采茶戏、茶艺表演、川剧变脸、长壶表演、京剧等传统艺术。同时，茶馆还定期举办茶友会、书画沙龙、禅意讲座，为文人雅士提供各抒雅趣的平台，"弹琴阅古画，煮茗仍有期"，尽显传统美学之情境。

张一航说到这里的时候颇为自豪，他说父亲对茶道的迷恋，本质上是对于中华传统文化的认同和本土历史文化的回归。泊园茶馆自开业以来，坚决杜绝棋牌、饮酒、吃饭等活动，只为顾客提供纯正的茶饮服务，这在全国实属罕见。他深情地说："在父亲的身上，我知道了茶文化是中国儒、释、道文化的载体，是中华文化的瑰宝，更是一部中华民族文人的生活史。做茶人，要有坚守的初心。"

就在几年前，当张一航还是个高中生时，他对茶是排斥的。把自己的人生和茶联系到一起，是他从未想过的。在20世纪90年代末出生的张一航，是深受外来文化影响的一代，当年他觉得喝茶很"老土"，爷爷奶奶、爸爸妈妈那些中老年人才会喜欢，他不过是一个茶馆主人的孩子，喝喝茶只是在喝腻了可乐和咖啡后，给青春换个味道而已。只是浅尝，并不是真的喜欢。

山水茶烟，每一处都是修行

张一航说，他真正爱上茶，是从接触人文茶道和王迎新老师开始的。

初到昆明"一水间"，他就被课堂上迎新老师讲授的课程内容吸引了：插花好看，主泡器好看，老师的手法好看，茶汤好看，它们置于一席之上更是美得令人惊艳！"迎新老师完全颠覆了我对茶的认知，所以现在很多年轻人不喜欢茶，也是源于不了解，要有引导，要去体验，才能发觉茶是多么好的东西。"

在课堂上，迎新老师讲普洱茶，与其他老师讲授的刮油去脂的内容不同，她探究的是茶叶与地域、气候、水质、冲泡、文化等因素的关联。讲到普洱茶时，她以班章、昔归、攸乐等普洱名茶为例，介绍茶树资源与品质特征的变化之美，特别是从芽到叶的变化。同时，她还讲到了云南少数民族的火塘文化、茶树崇拜、吃茶风俗。此外，她还教授人文乐听，在课堂上放爵士乐。这样的授课内容，让张一航觉得耳目一新，对茶有了更立体、更广阔的思考。

张一航最初选择来上迎新老师的课，是出于父亲张卫华的执意坚持。他说，从父亲开了泊园茶馆后，他才接触茶，一年之内，自己也不会去茶馆几次。"不想去学茶，但还是被父亲逼着去了。"他打趣道，"我应该算是迎新老师班里唯一没有兴趣学茶却被逼来学茶的学生，在进课堂前，我有很大的抵触情绪，但迎新老师笑语盈盈，始终温和如一。她像光，照亮了我的内心，并告诉我前行的方向。"关于茶之道，迎新老师的解读是，它在青山白云间，在潺潺流水畔，在幽深古寺间，在中国五千年的文脉中。如此深入浅出，又如此震撼张一航的心。

课程学完，张一航有"山水茶烟，每一处都是修行"的意犹未尽之感。对人文茶道的价值体系、茶学体系和美学体系有了根本性的认识，尤其是价值体系中的茶人品格——独立、谦逊、博闻、包容，这八个字在迎新老师的身上体现得淋漓尽致。结合父亲的"泊园"茶馆，张一航第一次在心中对喝茶之所有了新的定义：茶室除了是喝茶的地方，也是一个人与人交流的平台，细微之处体现着人文关怀，在冲泡一壶茶时要能换位思考，照顾他人的感受。

茶之为用，味至寒，为饮

对于茶席，张一航不喜欢用繁复的手法。他说："茶席不是你堆砌的东西越多就越好，人文之美是没有量化标准的，是无形的，是写意的。"

张一航布的第一席茶，名曰"凉夏"。时值盛夏，天气如南宋诗人戴复古在《大热》诗里所写的："天地一大窑，阳炭烹六月。万物此陶镕，人何怨炎热。"眼看天地这个大窑，快把万物烤化了，这时，最宜坐在茶桌前喝一杯茶，清身心，退暑热。

在布置这一席茶时，张一航严格遵循人文茶席"以人为本、以茶为主"的原则，同时，在茶席视觉上遵循极简原则，即"少即是多"。以炎夏的绿色为茶席基调，配以不同的品杯、茶食等，营造出极简、实用、清静的夏日茶席意境。陆羽曾说："茶之为用，味至寒，为饮，最宜精行俭德之人。"由此可见，茶之性，乃素简。当日，茶席上备的是江西名茶——狗牯脑茶，其外形紧结秀丽，条索匀整、纤细，茶色碧中微露黛绿，表面覆盖一层细、软、嫩的白绒毫，莹润生辉。冲泡之后，茶水清澄而略呈金黄，喝后清凉芳醇，香甜沁入肺腑，口中甘味经久不去。席上的朋友喝后，忍不住感慨道："我喝到了山川的味道。"

张一航说饮茶的意义是让我们能暂时从忙碌的生活里抽身，用一颗简单的心，去和自己对话，和时光静处，接近大自然。同时，他说饮茶时，茶席上的选器、用水、行茶……每一个细节的变动与更换，都会使当下这杯茶汤有所不同。王迎新老师推崇二十四节气的饮茶理念，倡导茶席的季节感要应时而动。结合"至专至简"的行茶手法、朴素本真的心法，在一杯茶汤里，即可抵达天人合一的境界。

豫章故郡半茶隐，梅岭深处听雪人

从昆明"一水间"回到"泊园"，张一航就这么不间断地布茶席、泡茶、品茶，每日和茶亲密接触着。"可茶之道不应该是孤独的，它的价值应该是分享给更多有共鸣的同道中人"，他始终相信，"中国的茶之道不在于一个人孤独的体验，它应该有一个更大的平台去展示"。于是，后来便有了中国首家茶文化旅居综合体——泊园茶村；占地面积近 300 亩。

南昌最美是湾里。在湾里这个具有诗情画意的地方，谁都想在岭山秀水里住上一晚，感受宁静致远的氛围。泊园茶村，取材于山水之间，留影于自然形态，位于被誉为"南昌后花园"的天然氧吧梅岭古镇风景区内，距省会南昌 25 公里，占地面积接近 7 万平方米。这里是著名的避暑胜地，也是中国古典音律和道教净明宗的发源地。它依山而建，借窗取景，窗外翠竹摇曳，飞鸟相逐，霞光云飞，风格古朴自然，目光所至，皆是一处一景。独处雅室，提壶瀹茗，起落之间，万般皆可放下。泊园茶村择址于此，可谓接天地灵气，承历史人文。

张一航和其父亲一手构筑的泊园茶村有客房 50 余间，大多以老式砖木结构房屋为主，保留着木板墙、砖瓦。徽派风格的门楼，融合赣派建筑、苏州园林风格的厅堂、回廊，人在这里，可以品茶、闻香、看曲、赏画，抑或什么都不做，只是静坐，便会感觉做了一回逍遥客。

让泊园茶村声名鹊起的是这里常年举办的主题茶会、茶市赶集、文化交流等茶事活动。茶人雅士们常来此处静心、禅悟、交流、品茶、修身，文人汇集多了，自然将整个茶庄变成了名副其实的文化艺术馆。

"它不是简单的茶＋民宿，更不只是看得见的风景，它是一种被忽略的大美，源于每个体验者被尘封的内心深处。我们永远不会为某个时代或主流而设计，我们只为体现茶道的本真与素简，找出属于这里的美丽与宁静。"张一航如是说。

有些苦，他不提。在建茶庄时，张一航一天二十四小时吃住在山上。夏天山上蚊虫多，他经常被叮咬出一身包；冬天山上异常寒冷，他穿着单薄，布置起茶席来就忘了时间，感冒了也始终坚持工作。

茶为席主，物尽其用。在泊园茶村，张一航认为申时茶会是一种仪式感和体验感都极佳的茶会。申时是最好的喝茶时间，指的是下午 3 点至 5 点，此时膀胱经（膀胱经是人体最长、穴位最多的重要经络）当值，是全天最佳的喝水排毒时间。申时茶会根据卢仝《七碗茶歌》的描绘："一碗喉吻润，二碗破孤闷，三碗搜枯肠……四碗发轻汗……五碗肌骨清，六碗通仙灵，七碗吃不得也，唯觉两腋习习清风生。"逐步引人入境，直至洗涤身、心、灵。他说："环境会改变一个人。父亲一直走在传播茶文化的路上，我耳濡目染，这份对茶的热爱如今已植入我的骨子里。"

张一航现在的生活很简单，每天在文化公司学习视频制作，期望学成后以茶为媒介，为中国茶搭建更大的传播平台。学习之余，只要有空，无论走到哪里，他都会给自己泡杯茶。

为什么他选择的是茶，而不是饮料？张一航用四个字概括：心下喜乐。

心下喜乐当饮茶。林清玄在《平常茶，非常道》里写道："每天的生活其实就像一杯茶，大部分人的茶叶和茶具都很相近，然而善泡者泡出来的茶更有清香的滋味，善饮者饮到更细腻的消息；人生需要准备的，不是昂贵的茶，而是喝茶的心情。"张一航在乎的，亦是喝茶的心情。

茶的四种幸福时态

翁丽娟

静沐（武夷山）茶文化有限公司创始人

国家级评茶员

国家茶艺实训师

国家一级茶艺技师

人文茶道研修者与践行者

　　从地理学角度看，武夷山隆起于崇安盆地之上，平均海拔
1200～1500 米，位于东经 118 度、北纬 27 度附近，属于中亚
热带地区。这里冬暖夏凉，年平均气温 18 摄氏度，年降雨量
在 2000 毫米左右，终年云雾缭绕，土壤肥沃。境内东、西、
北部峰峦叠嶂，群山环抱，溪谷纵横，岩崖重叠，九曲溪横贯
其中。

　　特殊的地理环境，让这里成为国家重点自然保护区，宜
居，更宜茶。

　　武夷山桐木村是全世界第一款红茶——正山小种的原产
地。这里的森林覆盖率高达 96.3%，动植物种群极为繁多，
被称为"绿色翡翠"。据说，桐木村的空气比其他地方甜三度，
因为这里的万物生灵都未被污染。桐木关红茶的优异品质和独
特高香，与其得天独厚的生态环境自然是分不开的。

　　草木之美，皆因时间的赋能。

在福建武夷山桐木关，时间有它独特的快慢节奏。

早春萌芽，山提醒茶树要慢一点，吸足养分，以便芽茶更好地舒展。这样，不仅茶叶的持嫩性好，同时茶中的氨基酸、茶多酚、儿茶素和芳香性物质含量都非常高。夏、秋、冬三季，茶树进入休眠期，山催促茶树的枝丫早点歇息，沐风浴雨，蓄积来年的能量。山付出等待的时间，让这里的茶比其他山头的茶平均多出三十天的生长期，以此来保障这里的茶芽叶更为壮硕、香韵更为悠长。

在武夷山，一天当中没有什么比喝茶更要紧的事儿，茶香氤氲，抬头便是山峰云海，一切都是慢悠悠的，《英国电讯报》曾把武夷山列为"全球十大幸福指数最高的地方"之一。茶人翁丽娟从小便生活在这片灵山秀水间，对这方水土有着别样的深情，她说茶是能给她带来幸福感的东西。

林语堂说："幸福，一是睡在自家的床上，二是吃父母做的饭菜，三是听爱人给你说情话，四是跟孩子做游戏。"对翁丽娟来说，在武夷山的幸福感并非拥有一切，而是把自己所拥有的做到最好。人生就是这样，往往最幸福的事情也最简单。十年如一日，她在茶山行走，始终坚守"择一事，终一生"的初衷，希望把茶人的匠心精神传承和发扬下去，专注于把最好的茶带进人们的生活。

幸福时态一： 寻茶

一点新绿，点亮一片暗淡。"茶爽添诗句，天清莹道心"，春天，最适合访茶。一杯茶的生涩和甘美，总有它的源头。于翁丽娟而言，春天的诗与远方，都深深藏在山里。终年云雾缭绕，使得武夷山整片茶区都绿得惹眼，香得迷人，也一次又一次地撩动着她的心弦。

良茶生于峻岭幽谷、高山云雾之间，得自然之性灵。行走山间，每一次呼吸都令翁丽娟感动。与其他产茶区的茶树不同，这里的茶树依山势而长，有的茶树生长在峭壁间的坑底，坑底狭长，有的地方宽阔，有的地方逼仄，宽阔的地段接受日照的时间相对长一些，滋味也相对浓烈，逼仄的地段常年幽邃阴湿，茶的滋味则带着些寒冷之气。同时，峭壁间常有细细的水流渗出，靠近峭壁的茶树从而也能获得更多的滋养。在武夷山上，茶永远以自然的规则在生长。

武夷山上的植被，以阔叶与毛竹为主。三坑两涧的物种具有多样性，茶树生长在这种坑凹地段，光照、水分、温度、植被、土壤等各不相同，会有所谓的山场"微域气候"，从而导致 36 峰、72 洞、99 岩的茶各有其独特性，从而形成岩茶的不可复制性。翁丽娟说："乱石泥土，散落根生，这是老茶树生长的环境，正契合了《茶经》中'上者生烂石，中者生砾壤，下者生黄土'的说法。岩茶的鲜叶采摘极为讲究，一芽两叶或三叶是采摘的标准。不同的鲜叶，是不同岩茶口感的雏形。比如正山小种，有了珍贵的松木，也一定要配上最珍贵的茶青，一切皆来自武夷山的地孕天养。"

在寻茶路上，翁丽娟认为采摘三仰峰最高处的老茶树是最辛苦的。在碧霄洞旁，人徒手爬上去已属不易，采青师傅们行走其间却健步如飞，每每至此，她都会追随采青师傅的脚步往上爬。爬上去，"一览众山小"的感觉很美妙，她说会觉得感通天地的茶气。这茶气如她给自己做的茶所取的芳名——静沐岩华，意为静观山水、感沐天恩、以岩为基、妙书臻华。

在翁丽娟看来，寻茶是她在一年之中做出完美口感的岩茶的最佳机会。她一直认为，茶叶的珍贵，不仅仅在于原料和制作，更在于从采青到你手上之前的每个环节都被虔诚以待。唯有如此，方能浅啜花果蜜香，感受到醇厚顺滑的茶韵。

一泡好茶，天时、地利、人和，一个也不能少。

幸福时态二： 做茶

翁丽娟不仅仅是为了做好茶而做茶，从茶科学校毕业的她是真的从骨子里喜爱茶。她一直认为，武夷山桐木关的茶之所以口感独特，其一是因为特有的地域生长环境让茶叶最大限度地保持野生状态；其二，不能不提它的做青、杀青、揉青等重要工序需要在古老的青楼里完成。

青楼在当地已经有100多年的历史了。它是一排排木质结构的阁楼，一般三到四层，每层有一人高，每层的地面都是镂空的木格，上铺篾席，茶青就搁在篾席上，最下层为烧松木的灶膛，热气和松烟透过层层孔洞，深入茶骨，如此形成正山小种别有风味的桂圆香。传统做法是，鲜叶收毕即入青楼，先在最上面加温萎凋，完毕后手工揉捻、发酵，最后摊放于底层焙干。其独特之处在于萎凋和烘干都需要燃烧大量松木来烘烤，高度发酵再加上松熏，便出现了带烟味的桂圆香。

翁丽娟说，如果说桐木关的环境决定了茶叶的品质，那么，青楼老师傅的手艺便决定了茶的味道。萎凋到什么状态、揉捻到什么程度、发酵到什么味道、烘焙在什么温度……每一道工序与火候，都关系到一杯茶的口感。

100多年来，老青楼常年浸淫在松烟熏染中，自带天然陈香，木楼梯咯吱作响。青楼室内闷热无比，再加上常年的烟熏火燎，"焙茶师傅没有福，时常暗中自偷哭"，一句在当地流传已久的山歌，唱出焙茶人的个中辛酸，甚至有些老师傅的眼睛早已被烟熏坏，但他们依然乐此不疲。每次看老师傅们钻进焙室，袅袅轻烟笼罩着他们，剪影模糊而又生动，翁丽娟都会莫名感动，因为她知道没有老师傅们的付出，就不会有品质上乘的武夷岩茶。

无论外界对正山小种有着怎样的区域划分，在翁丽娟看来，唯有桐木村所产，用传统工艺制作出的具备"琥珀色，松烟香，桂圆味"的红茶，才能称作正山小种；而那些在桐木关之外的地方所产的无烟红茶，则只能被叫作"小种红茶"或者"功夫红茶"。这份大自然偏心的礼物，是桐木村专属的幸福味道。作为一个茶人，她有必要坚守下去。

幸福时态三： 泡茶

王迎新老师在《人文茶席》中写道："人文茶事绝不仅仅要会巧妙地设计茶席，挑选席的背景，会收集各种茶器，着一席素雅的茶服，更为重要的是会泡茶。"

泡茶两字说来简单，实际上是一门内容深厚并值得尊重的学问。会泡茶的人首先一定是一位热爱茶的人，他熟知不同茶类的性格特点、生长环境、制作工艺、储存要求。这时，茶席上花哨的手法其实是多余的。一席茶间，席主每一个动作皆应有来有去，来去都是为了交代出茶的由头。一位合格的席主，动作精准而低调，像武侠剧里的顶级高手，一袭玄衣，从不张扬，一出手却势在必得、亮绝八方。

2018 年 10 月，翁丽娟受邀参加第五届丝绸之路国际电影节大师问鼎会。作为首次尝试茶与电影的跨界盛会，茶会特邀她和十多位知名茶人，以及国内外知名导演、演员，进行人、茶、器与艺术思想的大碰撞。席间，她谨记王迎新老师的泡茶手法，在这场弘扬中国传统文化的顶级筵宴上惊艳了众人。

电影节大师问鼎会以流水席形式行茶，每席茶品皆不同。彼时，日光渐斜，秋阳将影子拉得老长。余晖穿过花叶在席间流泻，清灵润雅的汝瓷釉面泛起绸缎般的光泽，翁丽娟依次冲泡的是岩韵十足的花香大红袍、金骏眉、正山小种。冲泡时，心时时在手上、在器上、在茶上，端起和放下表现出"酸甜苦涩调太和，掌握迟速量适中"的中庸之美。一席用心呈现的茶，冲泡后茶汤橙黄明丽，岩骨花香高扬，入口醇厚回甘，极致地表达了她作为武夷茶人的审美情操。

谈及对当时盛会的感受，翁丽娟说："俩字——幸福。首先，我在做自己喜欢的事；其次，我知道茶是心情的载体，脚步不能抵达的地方，茶可以完美抵达；最后，借助手中的一盏茶，我把幸福传递给了更多的人。"

会设计茶席、会泡茶是一种能力，也是一件值得我们深深感恩的事。很多时候，翁丽娟说，待茶的那份欢喜，如待心悦之人。将自己的爱与善，借一盏茶汤传递出去，并且得到心悦之人知己般的回应，人生才会足够美好。

幸福时态四：品茶

喝茶的人，多是细腻敏感的。不仅仅对茶味敏感，对周遭的一切，也有着一般人所不及的感知力，比如天气的变化。

武夷山是多雨的。一到雨季，武夷山便多了一分烟雨蒙蒙的空灵之美。茶园、竹屋到处都流动着湿湿的、润润的光影，潮湿而温柔。此时，迎光而立则山色空蒙雨亦奇，敲在鳞鳞黛瓦上的雨声是对茶人最好的邀约。

翁丽娟最喜欢在雨天喝茶，布好席、煮上水，水沸注入茶壶，浮躁的心便在氤氲的茶香中慢慢沉淀下来，待温热的茶汤顺喉而下，暖意遂在周身蔓延开来。伴着窗外的雨声，所有的烦恼仿佛都被茶汤洗去，只留下安静的情绪浸染在茶香中。是的，最美的不是下雨天，是和你一起在雨下喝茶的屋檐。

品茶如同品味人生百态。十几年的习茶之路，蓦然回首，翁丽娟发现，专注地去感受这一杯茶汤，关于茶的所有内容都会呈现在里边——不仅有茶在不同季节和不同天气的变化，也有这杯茶背后泡茶人的能量，以及做茶人的状态。待茶叶从沸水中苏醒，舒展开来，用心去品，你还会发现茶的储存环境和茶生长过程中的山场环境，同样会以不同的方式为你呈现。通常，你虔诚地待茶，茶也会虔诚地待你。

那么，喝茶一定要喝昂贵的茶吗？翁丽娟说，好的岩茶由山场、工艺和最终品质共同决定。比如，有的茶因量少而精益求精，同时配合古法炭焙，难免会物以稀为贵。对于真正的爱茶人而言，茶无好坏，适口为珍。《菜根谭》中说得好，"茶不求精而壶亦不燥"，喝茶不求很昂贵，不求非得是名茶，只要让壶里一直不干就行了。

翁丽娟的新公司刚成立三年，她没有刻意地去讲她的茶叶故事给我听，也没有说她做的茶有多好，好在哪里。我好奇地问她怎么跟客户去介绍自己的茶，她说："我的客户们自己会喝出来。一杯有内涵的好茶是靠人喝出来的。"

关于未来，她说自己还在努力。恩师王迎新将早些年做的一把名曰"修到梅花"的紫陶壶赠予她，她一直珍藏着。"修到梅花"取自宋人谢枋得的《武夷山中》一诗："十年无梦得还家，独立青峰野水涯。天地寂寥山雨歇，几生修得到梅花？"梅花凌风傲雪、不畏严寒，也不屑与群花争妍斗艳，它就像一位清高绝俗的隐者，独立于寂寞的山间老林，它不说话，不作为，只默默散发出怡人的清香，却活成了世人心中的精神脊梁。在习茶路上，每到茫然时，翁丽娟会在心里问自己，梅花修到了吗？然后会想到王迎新老师常对自己说的话："累了吗？累了，就回一水间吃口茶。"一直以来，她相信茶人都是梅花一般的存在，迎新老师是，自己也是，只是花期不同而已。在花没有开之前，静待花开是唯一的姿态，她需要给自己订立培育计划，然后锲而不舍地坚守，快乐朴素地行走。她的淡定执着，让我深信"莫疑春归无觅处，静待花开会有时"。

都说禅茶一味，翁丽娟的理解是：用一颗俗世的心品茶，难免执着于色、香、味；用一颗出离的心去品茶，遇茶随缘，以欣赏的心情去品茶，则不起欢喜、厌恶之心。茶修的是无分别心。

以茶汤清醒岁月，用生活还原生活。翁丽娟说这是她想要的茗边幸福生活。

茶和摄影都是一种信仰

盛夏雨

摄影师

人文茶道研修者与践行者

日子和日子是不同的，有时阴雨连绵，有时风和日丽，加入茶，便有了别样的味道。

好日子它轻轻地落在一盏茶中，伴有鲜润甘活的馥郁气息，源源不断的美好便随之恣意生发。对于盛夏雨来说，这种生活看似简单，却有着恰到好处的幸福。

潜移默化的茶日子

出生于普洱茶文化世家，从小耳濡目染，茶早已融入盛夏雨的血脉中。

他对茶的初印象来自外公，外公嗜茶，记忆中别人的外公总是拿糖果塞给外孙，他的外公却总是给他品尝各种各样的茶。幼时不懂茶的他，每抿一口，总是面部狰狞。这时，外公总会意味深长地说上一句："茶就是这个味儿。"如今，长大的盛夏雨才明白，外公说的是甘苦与共的茶，其实也是人生。

在盛夏雨的茗边人生中，如果说他外公是领路人，那么他妈妈应该算是风向标。正确的风向标会给孩子弥足珍贵的人生滋养。盛夏雨一直觉得自己是幸运的，也是幸福的，因为他的妈妈是著名茶人王迎新，也是美的记录者和践行者。妈妈幼承家学，从骨子里爱茶，同时由于职业的原因，她也爱上了摄影。在他幼年时，母亲任职于云南日报集团，担任《滇茶大观》的主编。在那些年里，她走访了各大茶区、茶山，拜访茶人，撰写了一系列茶山茶树、云南老茶人、云南少数民族茶文化的专访文章，为云南普洱茶文化历史留下宝贵的文字记录。这些让盛夏雨骄傲的同时，也深深地影响了他，特别吸引他目光的是妈妈身上背的几部相机，"咔嚓咔嚓"几声响过之后，美景便被永久地收藏在镜头中了。知子莫若母，妈妈在小夏雨的眼睛里读懂了他的心事，她相信兴趣是成功的原动力，所以，盛夏雨在小学便拥有了一部相机。这相机让同学们向他投来了艳羡的目光，也让他在心间埋下了一粒叫理想的种子，并一日日生根发芽。他跟随妈妈去茶山，开始用相机拍照片。后来，盛夏雨如愿以偿地在大学读了摄影专业，这不能不说是妈妈的功劳。

　　一路在光与影的世界里长大，盛夏雨没有刻意地去学过茶，但妈妈的茶生活潜移默化地影响了他，这是美学的影响。妈妈创立的人文茶道，追随者众，盛夏雨认为它在细微之处总体现着人文关怀，讲究在冲泡一壶茶时能换位思考，照顾他人的感受，是它有别于其他茶流派的地方。人文茶道的茶学体系内容丰富多彩，包括对茶的认识、冲泡手法等等。盛夏雨一直不敢以茶人自居，而是选择以记录茶的影像来亲近茶，践行的是茶道的博闻谦逊精神，也是对茶有敬畏之心。

一杯茶里的深情

　　这些年，盛夏雨最满意的摄影作品是人文茶道的茶席。人文茶道的茶席布置以人为本，以茶为主，根据茶、时间等来设计主题，配以不同的品杯、茶食等，倡导的是"至专至简"的行茶手法、朴素本真的心法。在行茶过程中，不必拘泥于一些不必要的、花哨的动作，讲求返璞归真。妈妈所著的《吃茶一水间》《人文茶席》《山水柏舟一席茶》，对茶、茶席、器物等都有所探寻和记录。"蕉叶为席，推敲茶时当时是炎炎夏日；怪石旁立，偏偏留出一方平整，可置风炉、砂铫、茗壶、杯盏甚至高挑的古铜花瓶。再一方奇石，正好是天然的香炉，青烟若盘云不散，可想见风和日丽；对面，石头便是琴台，琴囊未褪，锦缎上的纹理细密文气。这境地，随意成席。"这样的茶席气韵自成，盛夏雨总是在冥冥之间被打动着、感召着，然后一次又一次深情地按下相机快门。

难忘 2018 年终南问道的人文茶之旅，一行人和净业寺的梅花一起待雪。在漫天的雪花里取泉，三沸之时瀹一泡梅花饼。止语，煮水、温杯、涤器，在一次次重复的拿起与放下的动作中，等待觉知的诞生。在悠悠的腊梅花香中，手持一杯琥珀色的茶汤，在一呼一吸中，感知茶与天地的精神往来；在杯起杯落间，感觉身体的每一根神经开始越来越放松，身体的每一个细胞也越来舒展、自在；在安住与坐忘间，可观照到内心的安宁与平和。盛夏雨说，那次茶会让他突然明白了妈妈对人文茶道赤子般的深情所在——茶人在行走的时候，其实是把自己的触觉充分打开，让自己的心和眼睛都变得柔软、敏锐。在山水精神、人文精神中，我们还会提倡一种格物的理念。格物，我们研究一个对象，研究一个我们喜欢的、执着热爱的事物，还有由此而生发的种种，会是我们生命里面非常愉悦、享受的过程。

在此基础上，妈妈深研六大茶类茶品的鉴别、冲泡、储存，开创性地提出了"人文茶道十四鉴茶法"，倡导茶人们根据二十四节气来饮茶、插花、布席、举办茶会的理念，并据此概括出了符合人体工程学和舒适度的人文茶席行茶手法轨迹，构筑了从安住到坐忘的习茶途径。在盛夏雨的眼中，观看妈妈行茶就是一种享受。在茶会上，一杯一盏经她之手，总能变得合理协调，她煮水行茶，如行云流水般流畅，总是让他看得目不转睛。

茶世界的博大深情，令盛夏雨觉得越走近它，越有虔诚、谦卑之心，所以，他一直坚信，一杯茶里的深情，是握在手心里久久未曾离开的心安和淡然。

爱上茶，爱上一种深入灵魂的陪伴

对盛夏雨而言，有茶相伴的日子，总是更有滋味一些。茶打动人的方式，不是轻声软语，而是深入灵魂的那种陪伴。在重庆读书的那几年，盛夏雨租了房子，布置了一个摄影棚和暗房，不上课的时候，他就出去拍照或者自己冲扩照片。他走遍山城的大街小巷，在郊区的村庄甚至废弃的老屋前拍下人们生活的日常，在马路边的寺院里拍下佛像。在他的镜头里，不仅有繁华的瞬间，更有几乎被人们遗忘的角落。在他看来，影像的力量不只是甜美的表现，衰败也具有同样的意义。他的暗房里有各种冲扩用的药水、药粉和设备，摄影棚外间里有一个灰色的长沙发、一张简单的茶几，茶几上堆着于坚和西尔维娅·普拉斯的诗集，还有一套茶具——紫陶壶、玻璃公道杯、影青茶盏。母亲寄来了普洱茶、花茶，敬贤寄来了白茶。学习空闲时，盛夏雨坐地铁去宜家买了通心粉，用番茄、洋葱、牛肉炒了酱，炒好一盘通心粉，就坐在阳台的小圆桌上吃，对面是云雾缭绕的南山。吃完了，泡一壶老白茶，是在紧张的学习中难得的清闲日子。在求学的几年里，重庆的刘宏毅老师、成都的杨延康老师、广州的杨晓峰老师都教授给他很多理论和实践知识。

一次，广州摄影家杨晓峰邀请美国著名的大画幅摄影家、暗房师葆拉·查米丽（Paula Chamlee）到广州授课，盛夏雨有幸参加了这次课程。在师从杨晓峰和葆拉·查米丽的学习的过程中，盛夏雨不仅学到了很多大画幅黑白摄影的暗房技术，还大大改变了他的摄影观念，他要"把摄影当成一种信仰"。

后来，他在一篇文章中写下了学习的感悟：照片隐喻的特性并非由作者赋予，而是由观众来进行。从存在主义的角度来看，作者先赋予照片存在性，然后，观众的解读才赋予照片"性质"（本质）。因此，摄影师更多是作为图像的展示者而非输出者，由此可以建立起与观众多变的对话：将我的私人情感、见闻、经验、生活经历投射到城市场景中，再由观众进行解读。以观众的自身经历为入场券，使其能主观地设想出照片背后的故事，产生更多的参与感与氛围感，而又不产生脱离图像语境的隐喻，构图的本质也是摄影师的私人视域。同时，以弗洛伊德的理论构建"梦与白日梦"，实现观众潜意识中对未知的好奇、对死亡的恐惧，形成对事物的重新认识与建构。

　　关于茶的曼妙陪伴方式，《茶录》上深情描述为："其旨归于色香味，其道归于精燥洁。"盛夏雨说，从字面意思来看，茶给人带来的是色香味俱全的味觉体验，实质上它更深入人心的是道的精神。一场茶聚，泡茶的人专注行茶，喝茶的人专注体会茶汤在五脏六腑的抚慰。此时，我们喝的不是它的味道，而是它所触发的内心愉悦，这种愉悦让人可以回归到内心深处，回到天地自然里去，进而获得内心的安定淡然。林语堂先生说，"以一个冷静的头脑去看忙乱的世界的人，才能体会出'淡茶的美妙气味'"，说的也正是这个道理。

　　在盛夏雨看来，茶本就是一片普通的树叶，它被发现，被饮用，并变成我们生活的一部分。如果我们只是为了解渴去喝茶，就不会有如此细微的心情去感知茶带给内心的这份体验，更不会有心思去感受这趟由茶与水所带给心灵的净化之旅！

茶与席、 光与影，都是生活

每个摄影师，都是奔跑在世间的少年。

一张张照片，彩色的、黑白的，构成了摄影师生命的底色。

无论走到哪里，盛夏雨都能看到吸睛的东西。他喜欢记录各种有趣的画面：奔跑的孩子，风中的落叶，打盹的猫咪。有时是被事物的一瞬所吸引，有时是缘于图像里呈现的色彩和环境。很多时候，他喜欢拍摄自然和静物。光在他的摄影中起着关键的作用，无论是正午的阳光还是夜晚的灯光，都是他表达自己思想的一种方式。

盛夏雨说，走近大自然，就像走近一个个缤纷的梦。很多时候，镜头是心灵的眼睛，看到的是灵魂深处幻化的美丽风景。他拍麦浪，你能在他作品里望见家乡的炊烟；他拍油纸伞，你会莫名想起戴望舒笔下雨巷里的姑娘，结着雾一样的清愁。记录是影像最原始的本意。透过画面，我们看到的不仅仅是人群、建筑、风景，而是潜藏在内心深处的自己。有一天，当茶走进盛夏雨的生命中时，他发现真正的摄影是心对这个世界的凝望，也是对自然万物的尊崇和懂得。

2019年初冬，他跟随人文茶道又一次去了敦煌。广袤的沙漠、古老的敦煌，神圣而神秘。如何在通常的视觉中寻找到不同的摄影语言？盛夏雨一直在思考，早上从敦煌市区坐通勤车到敦煌研究所所在的莫高窟有十多公里，一路戈壁，荒无人迹。车才开出市区，盛夏雨就请司机停车，一个人背着沉重的大画幅相机和数码相机步行到莫高窟。这一路步行，他看到了戈壁的日出，看到了戈壁上难得的路标与电线杆所投射的光影，拍下了不一样的走进莫高窟之路。另一次在雅丹，黄昏时的黑戈壁仿佛在空气中浮动，太阳还没落下，月牙已经升了起来。盛夏雨在风中架起三脚架，银色的冠布被北风吹得平漂起来，对焦许久，他才按下快门，记录下这无比壮阔的落日。

茶与席、光与影，本来并非近亲，却因为同是生活美学里的表现形态，并同样是出于热爱，而成为盛夏雨生活密不可分的组成部分。他悠游其间，亦慢享其间。很多时候，喝茶与摄影有异曲同工之妙——都是慢工出细活。布茶席是急不得的事情，茶席是茶事进行的空间，也是泡茶之人对茶事认识的体现。四季的更迭、晨昏交替、气候的转变、泡茶空间所在，这些因素都与茶席、茶事密切相关，也是泡茶之人需要注意的。一杯成年的普洱，往往要经过岁月的沉淀、森林的滋养、茶人的采摘、风的抚摸、火的温度、掌心的揉捻、时间的转化，才终成一口好茶汤；同样，一张生动的茶席照片也涵盖天时地利人和的因素，如果要表现春天的气息或绿茶的味道，青瓷的茶具会起到画龙点睛的作用；如果是陈年普洱茶，欲突出其岁月的沧桑感，茶席上的光影运用则显得无比重要。在盛夏雨的眼里，用相机摄影虽然没有手机成像那样方便快捷，但是手动相机所花费的组装、拍摄、冲洗等时间成本，会让照片更富有质感，也让人瞬间获得精神上的享受。

一张好照片，值得慢慢观赏；一杯好茶，也值得细细品味。"假如生活允许，我愿意背着相机去旅行；假如生活允许，我愿意携茶而行，有多远走多远。"盛夏雨说。

一程山水一程人生，每一程人生的路途，命运都给我们安排了不一样的风景和机遇。属于盛夏雨的人文茶道才刚刚开始，他希望在与茶同行的路上，遇到更多志同道合者，大家借由一杯茶，一起去体悟中国山水的人文情怀，在中国的大美山水中体会中国茶的精神与人文精神。所以，习茶和摄影或许不一定是他的终生职业，而只是一个过程，指引他走向善和美的一个途径、一座桥梁。

习茶，以远行

远行，抛开眼前的苟且。虽车马劳顿，却总是令人心向往之。

一直羡慕古人的远行。他们的远行，仅看行李就知其日子的动人滋味。北宋政治家、科学家沈括在《忘怀录》中记录其必需品除了银子和干粮外，依次还有笔墨纸砚、酒器茶盏、刀具、油筒、斧子锄头、虎子等。其行囊跟现代人比，可谓繁而复，但笔墨纸砚、酒器茶盏的存在，却让古人的远行之路多了一份质感和情怀。在没有高铁和飞机的年代，古人们远行靠的是马车和双脚。遇有荆棘丛林，斧子锄头可助其一臂之力；饿了，则燃油桶而炊。苦则苦矣，但隐藏在背后的美好是，一路可餐花饮露，和清风明月作伴。得遇青山绿水，一时豪情万丈，则泼墨挥毫、吟诗作画，兴犹未尽，可调素琴，温酒亦煮茶。这样的远行，心随意动，朝暮风景皆不同，又怎不令今人向往？尤其是在钢筋水泥的都市丛林里生活得久了，这种渴望更为强烈。

远行，去哪里呢？当我这样问自己的时候，还是冬天。北方的冬天寒冷干燥，在长达四个月的时间里，大地基本上被两种色调笼罩着：有雪的日子是白色的，无雪可下的日子便是灰色的。在灰色里沉寂久了，人难免会有焦躁情绪。在这个时候，我会放下手边的工作，慢慢起身，给自己煮上一壶老白茶，逐心远行。煮茶和泡茶不一样，泡茶是快的，而煮茶是慢的。因其慢，心得以静静远行——在慢慢撬起一片老寿眉的时候，可以轻嗅到阳光雨露和泥土的久违味道；慢慢注水入壶、候茶汤之际，又可轻闻水沸之时的鱼眼声、松风声；待温热的茶汤缓缓入口，僵硬的身体开始变得柔软。一盏茶汤入心，五脏六腑遂跟着舒展了开来。彼时，整个人也如盏中茶叶，在自己的世界里复苏了。

千百年来，开门七件事——柴米油盐酱醋茶，对中国人而言，代表着人间烟火，这烟火气中最脱俗的便是茶。"茶"是一个让人心生温暖的字，有清和之芳，可入诗亦可入画，润物细无声地滋养着我们的生活。文人雅士对它爱之有加，晋人左思的《娇女诗》，"心为茶荈剧，吹嘘对鼎鑪"，应该是中国最早的茶诗了，意思是两个娇女儿急不可待地想要喝到茶，对着鼎形的炉子使劲吹火。两句诗生动地再现了茶之为民用，等于米、盐，不可一日以无。唐人韦应物植茶于荒园，为园中的茶树生长而欣喜，《喜园中茶生》云："洁性不可污，为饮涤尘烦。此物信灵味，本自出山原。聊因理郡余，率尔植荒园。喜随众草长，得与幽人言。"在这里，"得与幽人言"不仅言明茶之为饮是得自然之灵性，更是洗涤灵魂之妙物，幽人者皆为洁身自好之人，共饮方得淡泊明志、宁静致远的高雅情趣。至宋代，茶进入兴盛期，宋徽宗功不可没，他不仅解茶"钟山川之灵禀，祛襟涤滞，致清导和"，而且亲自给大臣们点茶。政和二年，宋徽宗请蔡京饮茶，《大宋宣和遗事》记载道："又以惠山泉、建溪异毫盏，烹新贡太平喜瑞茶，赐蔡京饮之。"宋徽宗的点茶，用了惠山泉、建溪异毫盏和当年新贡的太平喜瑞茶，可谓讲究。在一盏茶中暂停的片刻，在氤氲起的茶烟之中，他把茶的文人趣味和东方审美完美呈现于我们的眼前。

茶的美感，在于它缓慢的姿态，它总是让我不知不觉慢下来，在心中修篱植竹，于喧嚣外保持自己的时间感，并在时间之外，发现幸福的所有细节。比如，事茶时，我知道烤茶饼的火，选用木炭最好，其次是用硬柴火。如果烧过的木炭沾染了腥膻油腻气味，则弃之不用。煮茶用的水，山水为上等，江水为中等，井水最次。活水至妙，像《莽赋》中所写的，水要像岷江流注的活水，用瓢舀取它的清流。水煮到沸腾时，要舀掉水面上一层像云母一样的水膜，否则喝入口中，会感觉茶味不正。一般煮一升茶水，可舀五碗，要趁热连续喝，因为茶水中重浊的物质会沉淀到下面，醇厚的味道会在上面。一款茶品质的好与坏，其决定因素是产地。云南茶讲山头，武夷山茶讲坑涧，都是讲产地。关于产地，陆羽言之"阳崖阴林"，是说向阳山坡有林木遮阴的茶树最好。

慢慢地习茶，每日以虔诚之心与茶轻触，久了，我的心思渐渐清明起来。某一天，那些当代事茶人作为美好的存在，在心底如茶汤一般突然有了美好的涌动。不能抑制它的涌动，就像不能阻止你此刻把这本书打开一样。我有了一个心愿：把这些茶人的生活记录下来，让它成为更多人的生活方式。茶在中国有五千年的历史，它本是国饮，发乎于神农，闻于鲁周公，本该成为我们的生活。此想法一出，就得到了吾友——中国人文茶道创始人、茶文化学者王迎新的支持。十几年如一日，她践行茶人的人文关怀与利他思想，倡导琴棋书画的生活化，在茶的安住与坐忘之间，观照生命个体的身、心、灵。她让我看到了一种静定的生活——拥炉清话，幽寂玄远，蝉蜕风举，遗世自况，却可以对话一个清茶氤开的世界。

美好的事物都是相通的。当我借由吾友迎新的引荐，走近人文茶道的学人们时，这种慢美好再度被放大，如苏东坡所言"江山风月，本无常主，闲者便是主人"，人文茶道的学人们都是茶生活的主人。因为爱上茶，他们的身和心，每天都在轻安中度过；因为爱上茶，他们怀山抱海，心向光明。

他们为茶人代言。

他们亦通过茶与天地对话。

茶是一种生活，更是一种修行。

茶，和合静美，也在有意无意之间标记着生活最美好的印记，带领我们以慢博快，以简博繁。慢可以让人沉静，简可以拯救人心。

一直想让自己活得丰富而宁静，这本书给了我践行的机会。

习茶，以远行。这是我想要的生活状态。这种生活状态只看花开落，不言人是非，如《小窗幽记》云："结庐松竹之间，闲云封户；徙倚青林之下，花瓣沾衣。芳草盈阶，茶烟几缕；春光满眼，黄鸟一声。此时可以诗，可以画……"愿你也拥有这样的生活。

萧萧

庚子年冬于济水之南